建筑入门课

Basics Timber Construction

木结构的建造

[德] 路德维希·施泰格（Ludwig Steiger） 著
约格·雷姆（Jörg Rehm）

官晓晴 译

U0162475

机械工业出版社
CHINA MACHINE PRESS

本书基于建筑木材相关知识，深入浅出地介绍了常见的木结构建筑体系。第一部分"作为建筑材料的木"，从树木的生长开始，解释木材的特性和制作过程，并介绍了现代常用的木材产品。第二部分"作为建造体系的木"，顺着木结构发展和演变的线索，系统地梳理了各类木结构体系的建构逻辑和建造要点。第三部分"作为建筑构件的木"，从基础、墙体、楼板、屋顶等建筑子系统的层面，讲述木材在建筑不同部位应用时常见的构造做法。这三个部分从不同的角度切入，内容涵盖了木结构的历史发展、力学原理、建构逻辑、构造做法乃至常用构件尺寸等方面，具有很强的实操性。

本书重点鲜明、翔实全面，非常适合具有一定建筑构造知识且希望快速了解木结构建筑设计的建筑学及相关专业读者。需要注意的是，构造设计与建筑所在地的气候密切相关，因此本书给出的构造做法其背后的原理和思路才是本书最核心的部分。

Ludwig Steiger: Basics Timber Construction, 2020

本书中文简体字版由Birkhäuser Verlag GmbH，授权机械工业出版社在世界范围内独家出版发行。未经出版者书面许可，不得以任何方式抄袭、复制或节录本书中的任何部分。
北京市版权局著作权合同登记　图字：01-2022-6762号。

图书在版编目（CIP）数据

木结构的建造/（德）路德维希·施泰格，（德）约格·雷姆著；官晓晴译.—北京：机械工业出版社，2024.1
（建筑入门课）
书名原文：Basics Timber Construction
ISBN 978-7-111-74938-7

Ⅰ.①木…　Ⅱ.①路…　②约…　③官…　Ⅲ.①木结构－建筑设计　Ⅳ.①TU366.2

中国国家版本馆CIP数据核字（2024）第031929号

机械工业出版社（北京市百万庄大街22号　邮政编码100037）
策划编辑：时　颂　　　　责任编辑：时　颂　张大勇
责任校对：肖　琳　梁　静　封面设计：鞠　杨
责任印制：常天培
北京机工印刷厂有限公司印刷
2024年4月第1版第1次印刷
148mm×210mm·3.125印张·112千字
标准书号：ISBN 978-7-111-74938-7
定价：29.00元

电话服务　　　　　　　　　网络服务
客服电话：010-88361066　　机　工　官　网：www.cmpbook.com
　　　　　010-88379833　　机　工　官　博：weibo.com/cmp1952
　　　　　010-68326294　　金　书　网：www.golden-book.com
封底无防伪标均为盗版　机工教育服务网：www.cmpedu.com

前言

　　木材是人类最古老和最基本的建筑材料之一，时至今日也没有失去它的魅力和有效性。在许多文化传统中，基于特定的气候条件下，建造房屋的时候，木材是比砖材更好的选择。

　　近年来，木结构建筑经历了一次复兴，因为木构件的生产基本不产生碳排放⊖，而且与混凝土等构件相比，木构件在全生命周期中消耗的能源要少得多。因此，木材是一种可持续的建筑材料，是一种可再生的资源，也是一种有机的、轻质的、易加工的材料，人们可以用它来建造具有特色的房屋。但是，木材也有一些不同于其他材料的特殊之处。因此，建筑师需要了解木材和木结构建筑的知识体系，以便做出与材料特性契合的高质量设计。

　　建筑学课程中的第一个设计往往是木结构建筑，因为通过这个体系学习到的建筑设计方法和原则与真实项目中的设计十分相近。在本书中，作者首先介绍了木材作为天然建筑材料的特质以及基于木材开发的建筑产品，然后转向最常见的木结构建筑体系及其具体设计原则。其中提到的设计原则随后会在建筑构件的层面结合主要连接节点的实例加以阐述。

　　本书增加了实心板建造的内容，因为近年来木结构建筑体系越来越受欢迎。木结构被视为砌体结构、钢筋混凝土结构等实心结构的替代方案。现在，一些地区的建筑法规允许建造高层木结构建筑。当木构件与钢筋混凝土构件相结合时，有可能创造出完全符合消防安全规定的高层木结构建筑⊖。

　　本书为"建筑入门课"系列丛书中关于木结构的分册，旨在建立读者对木结构建筑的宏观认知，帮助读者详细地理解木结构建筑的各种体系以及它们之间的区别。掌握了这些知识以后，读者可以为设计选择最适合的体系，并建设性地应用所学的知识。

伯特·比勒费尔德（Bert Bielefeld），编辑

⊖ 考虑到木材的固碳作用可以抵消部分生产过程中产生的碳排放，因此木材被称为"页碳材料"。——译者注

⊖ 目前世界范围内新建的木结构高层建筑，确实有不少采用了复合结构（结合混凝土结构与木结构），但也存在符合消防安全规定的纯木结构的高层建筑。——译者注

Contents

目录

在1937年一篇关于训练建筑师的文章中，密斯·凡·德·罗说："除了古代的木建筑，还有哪里能看到那样清晰的结构，那样清晰的材料、结构和形式的统一？整个时代的智慧蕴藏于此。这种材料给建筑带来了独特的气质，彰显出强大的表现力！它们散发着温暖的气息，美丽得像古老的歌曲。"作为20世纪最重要的建筑师之一，密斯的这段话，既表达了木结构建筑的魅力，也说明了它带来的挑战。

设计师如果想在设计中恰当地使用木材这种生物质材料，需要掌握大量的知识，包括各种木材的性质、各种木结构建筑的体系、建筑构件复杂的层级关系以及它们的连接方式。

与读者们熟悉的大规模的整体式建造体系（monolithic massive construction）[⊖]不同，建造木结构建筑，需要工人遵循固定的顺序进行构件的装配，并且在预设的结构网格中操作。这意味着选用木结构的设计师需要一套更系统的设计方法，并面临着更多的细部设计和绘图工作。

本书将分三个章节介绍木结构。首先，读者将熟悉木材这种材料的特性，然后是最重要的建筑体系及每种体系特有的连接方式，最后是构件的装配。本书对于木结构的介绍围绕简单、通用的建筑原型展开，涉及大部分实际木结构中项目的关键问题。

时至今日，木结构技术仍在迭代更新，巨大的潜能正在渐渐显现。目前，建筑行业正在大力引进新材料和新技术，对传统的木结构体系进行优化。这对于初学者而言，是一个难点，也是值得关注的重点。

本书旨在为木结构建筑这个广阔的领域提供一个结构化的概述，以传授既有的知识以及介绍经过实践检验的结构体系为主，纳入了部分关于新的材料和技术发展的内容。

⊖ 例如现浇钢筋混凝土建造体系。——译者注

2 作为建筑材料的木

2.1 木材

在全世界范围内，被大规模使用的木材有几百种。它们看起来都不一样，并且都有自己的特殊属性，主要用途是家具或建筑饰面。

只有相对少数的针叶树木会用在建筑结构中，所以初学者不必成为木材专家，只要把握树木的解剖结构和木材的基本物理特性即可。

2.1.1 树木的生长

在使用木材时应该意识到，一根梁或一块木板是植物有机体的组成部分。一棵树的生长状况和品质深受其周围环境的影响，因此每块木材都是独一无二的。木材的特性首先取决于树的种类，其次取决于它在树干中的位置。

细胞　　树干由纵向的管状细胞组成，这些细胞负责在树木生长过程中输送营养物质。包围管状腔的细胞壁是由纤维素和木质素（填充物质）组成的，细胞壁和细胞骨架的结构决定了木材的强度。与混凝土或砌块等建筑材料不同，木材的结构具有方向性，与营养物质从树干到树枝的输送方向一致。

树干最先形成的部分是中央的"髓心"（pith cavity）。树木的细胞围绕中心生长，一个生长周期会形成一圈年轮。在温带地区，树木的生长期一般是每年的4月到9月。

> ○ **注**：木构件的承重性能从根本上取决于荷载与纤维的相对方向是平行还是垂直。因此，平面图必须表达木构件的安装方向。在剖面图中，可以通过填充线区分横纹面和顺纹面（图2-1）。

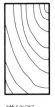
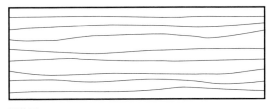

横纹面　　　　　　顺纹面

图2-1　木材的横向切割与纵向切割

在一圈年轮中，春天生长的细胞腔较大，形成的木材质地较软，称为早材；秋季生长的木材具有较厚的细胞壁，质地比较坚硬，称为晚材。晚材在木材中所占的比例从根本上决定了木材的强度。　　早材, 晚材

通过观察树干的横截面，可以非常简单地了解它的生长过程。在不同的树种中，边材（树干的外围部分）与心材（树干的中心部分）都或多或少地存在可辨识的差异。心材没有输送养分的作用，因此相对干燥。根据心材和边材的差异，可以将木材类型划分为以下三种：　　边材, 心材

— 心材型木
— 匀质型木
— 边材型木

心材型木，其横截面的颜色往往中间深、周边浅，一般认为其具有很强的耐候性。这一类木材包括橡木、落叶松、松树和胡桃木。

匀质型木，其边材、心材部分颜色接近且都为浅色，但含水量不同：心材较干燥，边材含水量较高。这一类木材包括云杉、冷杉、山毛榉和枫树。

边材型木，从横截面上看，各部分颜色和含水量都基本一致。这一类木材包括桦木、桤木和杨木（图2-2）。

2.1.2　木材含水率

木材的所有物理特性几乎都受到含水率的影响：密度、对燃烧和虫害的抵抗力、承重能力……最重要的是尺寸稳定性和尺寸一致性（dimensional stability and consistency）。

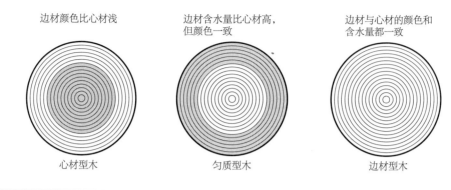

图2-2 心材型木、匀质型木、边材型木的横截面

因为木材的细胞腔和细胞壁都含有水，因此，它会随着环境湿度的变化发生收缩和膨胀。当木材干燥时，其体积减小，这称为收缩；导致木材体积增加的过程则称为膨胀。作为一种吸湿性材料，木材能够根据环境条件释放或吸收水分，这也被称为木材的胀缩（timber movement）。

建筑木材的含水率有严格的规定：

湿润木材	超过 30% 的含水率
半干木材	20%~30% 的含水率
干燥木材	不超过 20% 的含水率

建筑木材应始终在干燥状态下安装，如果可能的话，安装木材时的环境湿度最好和项目所在地预期的湿度水平一致。木材的平衡湿度指的是只会导致木材发生微小尺寸变化的湿度水平。对于以下不同条件的空间，平衡湿度是指：

封闭空间，供暖	（9 ± 3）%
封闭空间，不供暖	（12 ± 3）%
顶部封闭，四周开敞的空间	（15 ± 3）%
开敞空间	（18 ± 6）%

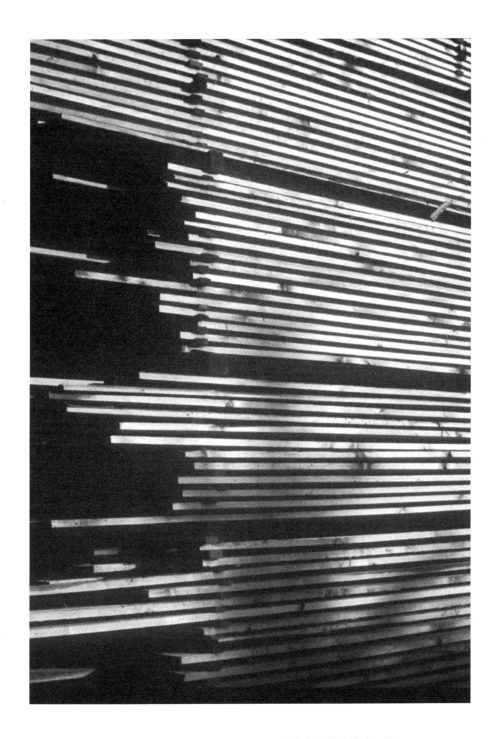

木材湿度指的是相对于理想情况下绝对干燥的木材而言含水量的百分比。然而，木材的胀缩不是一次性的过程。木材在安装之后，也会因为大气湿度的季节性变化（冬季比夏季低）而收缩或膨胀。

2.1.3 切割类型

由于边材和心材含水量的不同，以及年轮内早材和晚材含水量的不同，木材各部分的收缩率也存在差异。因此切割后的木材容易变得扭曲，变形程度主要取决于木材在树干中的位置。

木材可以沿切向切割（年轮的切线方向），也可以径向切割（年轮的直径方向），切割方式会影响木材体积变化的程度。根据木材的类型，切向切割木材的收缩程度通常是径向切割木材的收缩程度的两倍以上。木材纵向的收缩可以忽略不计（图2-3）。

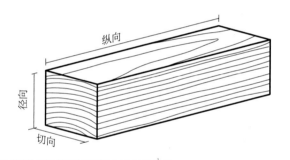

图2-3 木方轴测图
展示了三种切割方式以及木材的横纹面与顺纹面

○ 注：木结构建筑最重要的设计原则之一是，木材的安装必须始终允许因收缩和膨胀引起的尺寸变化。例如，设计者可以在木构件之间留有足够的间隙。理想情况下，木材应该只用一颗在中间或边缘的螺钉固定，这样木材就可以沿着纤维方向发生形变（参见"4.2 外墙"）。

木材体积变化的差异也意味着从树干上切下的木板或木方，其变形程度各不相同。切向切割的木板会向远离树心的一侧弯曲，只有从树干中心切下的木板边缘能够保持笔直，尽管它的边缘区域会变得较薄。图2-4中的灰色框显示了随着木材在切割后的收缩减小的体积。

○

2.1.4 特性

木材多孔的微观结构使其成为相对较好的保温隔热材料。针叶树种（即"软木"）如云杉、松树和冷杉的导热系数为0.13 W/（m·K），落叶树种（即"硬木"）如山毛榉和水曲柳（又称白蜡树）的导热系数为0.23 W/（m·K）。因此，与导热系数为0.44 W/（m·K）的砖材或导热系数为1.8 W/（m·K）的混凝土相比，木材的隔热性能十分优异。

此外，木材受热膨胀的程度与钢材或混凝土相比非常轻微，以至于用于建筑时可以忽略不计。

木材的毛密度（gross density）很低，所以它的蓄热系数也低于砖石或混凝土等建筑材料。云杉和冷杉的蓄热系数为350 Wh/（m³·K），而标准混凝土的蓄热系数为660 Wh/（m³·K）。这对于建筑达到夏季的热防护来说是特别成问题的。与砖石和混凝土等实心结构（solid structures）相比，木材在凉爽夜晚和温暖白天之间的热补偿（thermal compensation）较少。较低的平均密度也意味着木材的隔声系数较小，但由于存在孔隙，木材对声音的吸收效果很好。

毛密度

○

要实现蓄热和隔声的效果，必须采用厚重的建筑材料，即在墙体中采用总密度较大的材料，如石膏板或纤维水泥板，或采用厚重的楼面层做法。

○ 注：在一块切向切割的木材中，离树心最远的一面被定义为左端，而面向树心的一面则是右端。当木材被用于建筑时，应考虑到其可能发生的变形（图2-4）。

○ 注：对于建筑材料而言，密度高往往意味着强度大。密度表征了一种材料单位体积对应的质量，单位是kg/m³。软木的密度是450~600 kg/m³，在欧洲，硬木的密度可以达到700 kg/m³，其他地区有一些硬木的密度可以达到1000 kg/m³。作为参照，标准的混凝土密度一般是2000~2800 kg/m³。

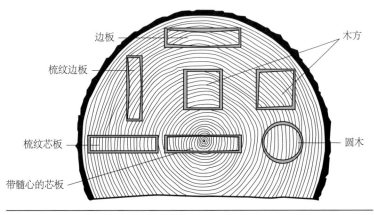

图2-4 以树干横截面展示不同的切割方式及木材的变形状况

图中标注：边板、梳纹边板、梳纹芯板、带髓心的芯板、木方、圆木

防火

　　虽然木材是一种可燃材料，但它在火灾中的表现却不像人们以为的如此易燃。由于木炭层的积累，截面面积大的木材从外到内燃烧得相对缓慢而均匀，因此从木材开始燃烧到其失去承重能力需要一定的时间，这与钢结构截然不同。钢结构虽然是不可燃的，但在高温下会变形并失去承重能力。

　　木材越潮湿，燃烧速度就越慢。横纹面从外向内燃烧的速度，软木约为0.6~0.8mm/min，橡木⊖约为0.4mm/min。此外，木构件在火灾中的表现也取决于它的几何性质。在相同体积下，表面积越大，耐火性越低。这在实木存在收缩裂缝的情况下（即表面积大大增加）尤为明显。因此，没有裂缝的层压木材可以抵抗更长时间的火灾，而且耐火时间的计算比实木更准确。

⊖　橡木属于硬木。——译者注

总之，只要能达到适当的尺寸，木构件就能满足建筑的防火要求。

○

2.1.5　承载力

砖石结构具有较强的受压性能。木材与砖石不同的是，它虽然可以在同等程度上受压和受拉。但由于前文所说的管状细胞结构的存在，木材受力的方向成为关键。木材在顺纹方向可以承受的压力大约是沿横纹面方向可以承受的压力的四倍，对拉力的承受差距甚至更为极端。图2-5所示为根据德国标准，针叶树木材（S10）$^{\ominus}$能承受的不同方向的压力和拉力（单位为N/mm^2）。

对于建筑来说，这意味着在安装木材的时候，应尽可能让其顺纹方向有效地承受压力和拉力。

一般来说，木材承重能力取决于厚壁细胞的比例，因而也反映在木材密度上。坚硬的落叶木材，例如橡木，特别适用于受压（compressive loads），可以用作窗台（sill）或门槛（threshold），而长纤维的针叶木材则更适用于受弯（bending loads）。

作为一种从自然界生长出来的并且具有各向异性的建筑材料，建筑木材的预期承重能力从一开始就得不到保证。因此，木材工业会根据某些特征（如树枝的数量和大小、纤维的异常或裂缝、平均密度和弹性），通过视觉或机械方法对木材进行分类，然后分级出售。

在德国，建筑木材按承载力分为三个类别和等级，不同类别或等级也对应用于静力计算的强度（表2-1）。

分级

○ 注：在德国，构件耐火等级分为F30 B、F60 B或F90 B，分别表示一个构件在火灾发生时能在30min、60min或90min内保持其承重能力。

─────────

$\ominus$　S10为木材的分级，详见后文叙述。——译者注

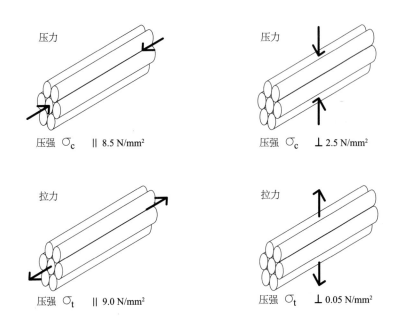

图2-5　许用应力

表2-1　德国木材的分类与分级体系

分类	分级	承载力
S 13	I	高于平均水平
S 10	II	普通
S 7	III	较低

　　在美国，所有的建筑木材都带有标签，标签提供了以下信息：等级、质检机构、锯木厂编号（sawmill number）、木材类型、水分含量、弹性模量（E module）、受弯强度和用途。这简化了建筑工地上的木材分拣、施工监督和质量控制等过程。

2.2　木材产品

　　下文会先介绍实木及其生产过程，然后介绍木基产品。木基产品的原材料也包含了其他物质，例如水泥和石膏，且产品则往往是板状的。

2.2.1 实木

实木包括去掉树皮的圆木以及切割后的软木或硬木。锯木厂会生产特定截面和长度的木材，根据截面的宽高比，木材被分为木条（lath）、木板（plank）、厚木板（board）和木方（squared timber）（表2-2）。

表2-2　木条、木板、厚木板、木方的截面宽高范围（单位：mm）

	厚度 t 或高度 h	宽度 w
木条	$t \leqslant 40$	$w < 80$
木板	$t \leqslant 40$	$w \geqslant 80$
厚木板	$t > 40$	$w > 3d$
木方	$w \leqslant h \leqslant 3w$	$w > 40$

表2-3中规定的厚度和宽度是目前木条、木板和厚木板的常见尺寸。 尺寸其他体系所规定的尺寸与表2-3给出的尺寸只有毫米级差异（图2-6）。

表2-3　常见木材截面规格　　　　（单位：mm）[⊖]

木条截面宽度/高度	24/48, 30/50, 40/60
木板厚度	16, 18, 22, 24, 28, 38
厚木板厚度	44, 48, 50, 63, 70, 75
木板/厚木板宽度	80, 100, 115, 120, 125,140, 150, 160, 175

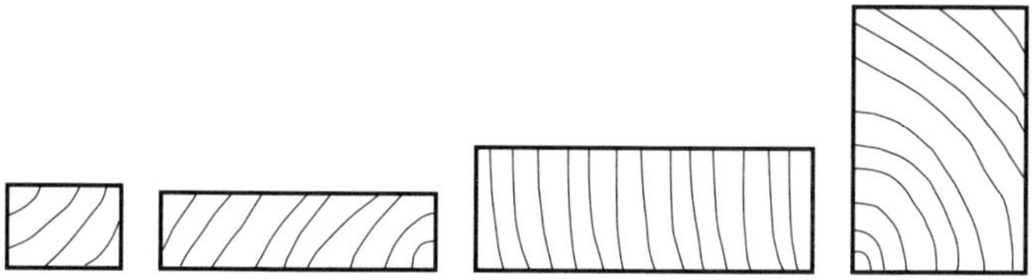

图2-6　木条、木板、厚木板和木方的横截面

⊖　原书表2-3、表2-4都没有单位标注，译者根据上下文和常识增加了单位标注。——译者注

建筑木材通常锯开即可使用，无须刨平。对于在某些情况下（例如用于外露的面层）需要两面刨光的板材，应为这道工序预留约2.5mm的厚度。一般而言，建筑木材的长度最小为1.5m，最大为6m，以25cm或30cm为模数。

木方的尺寸一般是整厘米数，截面是方形或者矩形。表2-4中列出的横截面尺寸是首选尺寸。

美国方木是以英寸（一英寸约为25.4mm）为单位的。宽度最小为2英寸。扁而长的木材主要用于美国木框架体系的龙骨（参见表2-5以及"3.2.3 木框架体系"）。

表2-4 木方的常见尺寸　　　　　　　　　　　　　（单位：cm）

6/6, 6/8, 6/12, 6/14, 6/16, 6/18
8/8, 8/10, 8/12, 8/16, 8/18
10/10, 10/12, 10/20, 10/22, 10/24
12/12, 12/14, 12/16, 12/20, 12/22
14/14, 14/16, 14/20
16/16, 16/18, 16/20
18/22, 18/24
20/20, 20/24, 20/26

表2-5 美国木材的尺寸　　　　　　　　　　　　　（单位：英寸）

宽度	2, 2½, 3, 3½, 4, 4½
高度	2, 3, 4, 5, 6, 8, 10, 12, 14, 16

在中欧和北欧最常见的木材类型包括云杉、冷杉、松树、落叶松和花旗松。在美国，常见的木材类型包括花旗松、红雪松、加洛林松（Caroline pine，拉丁名Pinus taeda）和刚松（pitch pine，拉丁名Pinus rigida）。

下文叙述的实木产品是通过进一步精加工生产的木材，面层一般也经过处理（图2-7）。

实木产品　　　建筑实木（Solid construction timber，SCT）会按照常规的强度等级进行分类，或按照外观进行分类和分级。因此，建筑实木在承载

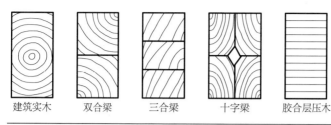

| 建筑实木 | 双合梁 | 三合梁 | 十字梁 | 胶合层压木 |

图2-7 建筑实木，双合梁，三合梁，十字梁，胶合层压木

力、外观、尺寸和形状稳定性、含水率、裂缝宽度和表面质量等方面
都能符合工程的特定要求。指接胶合（Wedge finger jointing，两块木
材端头做出楔形榫头然后胶接固定的做法）使建筑实木[⊖]可以做成任何
所需的长度，常规截面尺寸的木方也是如此。

双合梁或三合梁的工艺也能提高建筑实木的质量，即让两块或三
块木材（可以是厚木板或者木方）以顺纹面胶合。

十字梁由四段木材以顺纹面胶合而成。从横截面上看，每块木材
的外缘在拼接时朝向中心，形成贯穿整段梁长度的中心管空间。

胶合层压木[⊖]（glulam或GLT）可以满足几何稳定性和承载力方面的
严格标准。胶合层压木由叠合的软木板在压力下胶合而成。基于苯酚、
间苯二酚、三聚氰胺或聚氨酯的人工树脂黏合剂可以实现板材的防水。
不同的黏合剂在接缝处显示出不同的颜色，从深棕色到浅棕色不等。

在GLT的制作过程中，木材在上胶和抛光之前会进行烘干，内部
的任何缺陷都会被机械去除。层压胶合的构造意味着木材的横截面几
乎不会变形。GLT通常用于大跨结构，因为它可以提供高达200cm的横
截面，跨度最长可达50m。

⊖ 中文语境中，"实木"的概念一般不包括胶合板。GLT和CLT之类的板材，
在中国一般归入"现代工程木"的类别。请读者注意不同国家材料分类体系
之间的差异。——译者注

⊖ 胶合层压木（GLT）有时也译作"集成材""胶合木"，名称较为混乱。
在中文学术文章和媒体文章中，直接使用英文缩写"GLT"的情况十分常
见。下文会介绍的另一种现代工程木——正交胶合木（CLT）和定向刨花
板（OSB）等材料也是如此。因此下文将直接采用这些常见木材的英文缩
写。——译者注

2.2.2 木基产品

生产木基产品（Timber-based products）是一种特别经济的使用木材的方式，因为刨花、纤维等加工废料和木板、木条等废旧木构件都可以被回收利用。

木基产品的制造是工业化的（通过用人造树脂黏合剂或矿物黏结剂压制）。这意味着原始材料的强度将被大大提高，天然木材不规则的结构也会被均匀化。与实木相比，木基产品的静力特性和抗拉性可以得到更精确的控制，其胀缩也比实木小得多。

■　　木基产品通常以标准尺寸板材的形式供应，如125cm宽的板材。

胶合工艺　　世界各地对木基产品的分级标准都是根据其胶合方式，以便使用者了解某个产品对环境湿度的要求。德国木基产品分级见表2-6，美国木基产品分级见表2-7。

表2-6　德国木基产品分级

V20	不宜暴露在潮湿环境中
V100	可短时间暴露在潮湿环境中
V100 G	可长时间暴露在潮湿环境中，抗真菌

表2-7　美国木基产品分级

室外级	可持续暴露在潮湿环境中
1级暴露	对间歇性的雨水有高抵抗性，但不可长期暴露
2级暴露	正常暴露程度
室内级	不可暴露于潮湿环境中

在美国的木基产品分级标准中，室外级和1级暴露都符合德国木基产品分级标准的V100等级的标准，而室内级则与德国的V20相当。

> ■ **小贴士**：为了保证板材的经济利用，建筑网格最好根据板材的尺寸来设计，从而尽可能地减少浪费。例如对于宽度为125cm的面板，轴线间距可以等于面板宽度，或设为面板一半的62.5cm，甚至设为三分之一的41.6cm，这样可以提高建材使用的经济性。

木基产品按成分性质可分为：

— 胶合板（plywood）和层压板（laminated boards）
— 木屑板产品（chip products）
— 纤维板产品（fibre products）

胶合板和层压板由至少三层木材依次以顺纹面胶合而成，相邻层的横纹面纹理方向相反[○]。

胶合板与层压板

这种相邻层纹理间的交叉排列（crossbanding）[○]可以使木材不均匀涨缩导致的形变互相抵消，并使板材在各个方向都具有必要的强度和稳定性。因此，胶合板和层压板特别适合用作加固结构和承重墙。只要使用正确的黏合剂，胶合板和层压板也可用于室外工程，不过边缘会特别容易受潮，如果胶合板和层压板作为外立面板安装，应予以覆盖或密封（图2-8）。

薄胶合板（veneer plywood）[○]根据厚度（8~33mm）不同，由三层、五层、七层或九层的形式互相胶合在一起。五层以上、厚度超过12mm的薄胶合板也被称为复合板（multiplex board）。

细木工板（Strip board）和大芯板（blockboard）^⑭由至少三层材料胶合而成，中间层由木条或木块并排拼成，其顺纹面纹理方向与上下面层的顺纹面纹理方向相垂直，这一做法使细木工板和大芯板具有良好的承载力。

○ "2.1.3 切割类型"一节中，作者定义了木板的横纹面方向，即远离髓心的为左侧，靠近髓心的为右侧。这里的意思是在胶合板（plywood）中，相邻的木板左侧与左侧胶合，右侧与右侧胶合。——译者注

○ 胶合板与层压板的区别在于胶合板相邻两层板材顺纹面纹理方向互相垂直，层压板相邻两层板材顺纹面纹理方向相同。——译者注

○ CLT与GLT这两种现代工程木，虽然都采用了胶合的制作工艺，但因为原材料的尺寸等方面与"plywood"不同，其性能和用途也与"plywood"有较大差异。但因为其中文译名中都包括"胶合"一词，容易使人误会，所以请读者注意它们的区别。——译者注

⑭ 目前中国木材市场上细木工板和大芯板的概念时常混用，这里将两个概念进行区分，以对应芯材尺寸不同的木芯胶合板。从本书附图可以很清晰地看到二者木芯层构造的区别。——译者注

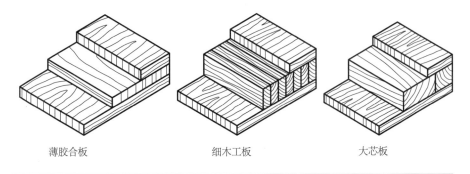

| 薄胶合板 | 细木工板 | 大芯板 |

图2-8 薄胶合板、细木工板与大芯板的轴测图

最常用的胶合板和层压板包括：

— 薄胶合板

— 细木工板和大芯板

— 三合板（threeply boards）与五合板（five-ply boards）

— 层压板

— 复合板

刨花板是把锯末和刨花用黏合剂粘在一起并压缩制成的，生产过程充分利用了木材工业的边角废料。与胶合板不同的是，刨花板内部结构是复杂而无特定方向的，不存在连续的层。刨花板既可用作木墙、地板、顶棚和屋顶的加固构件（参见"3.1.2 加固结构"），也可作为楼板的干性找平层（dry screed）。

建筑中常用的一种刨花板是定向刨花板（OSB），内部由相对较长（约35mm×75mm）的矩形木片或刨花组成定向结构。由于木片和刨花的方向逐层交替变化，OSB的力学性能和胶合板一样具有方向性。OSB可以达到很高的强度，大约是普通刨花板的两倍到三倍。

常用的木屑板产品包括：

— 平压板（Flat pressboard）

— 木屑叠合板（LSL）

— 定向刨花板

— 木挤塑板（Extruded pressboard）

纤维板（fibreboard，又称密度板）的组分比木屑还要小，以至 纤维板
于木材本身的结构不再可辨。纤维板按照生产工艺可以分为以下两
大类。

使用湿法工艺，不加入黏合剂的纤维板包括：

— 纤维保温板（Woodfibre insulation board）
— 软木板 (SB，Softboard)
— 沥青木丝板（Bituminized wood fibreboard）
— 中等硬木纤维板（Medium hardwood fibreboard）

使用干法工艺，加入黏合剂的纤维板包括：

— 中密度纤维板 (MDF，Medium density fibreboard)
— 高密度纤维板（HDF，High density fibreboard）
— 硬木纤维板（Hardwood fibreboard）

用湿法工艺制作的软木板常常用于室内装修或屋顶框架，具有隔
声和隔热的作用。中密度纤维板由于有着均质的结构，在家具制造和
室内装饰方面也非常受欢迎。高密度纤维板和硬木纤维板主要用于立
面的饰面层。

2.2.3 结构板

与有机结合的木材产品不同，以无机方式结合的板材产品称为结
构板（structural board）[⊖]。原始材料只含有一定比例的木材，或根本
不含木材，它们分为水泥基的板材和石膏基的板材两大类。

水泥基的板材包括：

— 水泥刨花板（Cement-bound chipboard，又称水泥木屑板）
— 纤维水泥板（Fibre cement board，又称水泥纤维板）

石膏基的板材包括：

— 石膏刨花板（Plaster-bound chipboard）

⊖ 中文里并没有"结构板"这个词，此处采取直译。——译者注

— 石膏板（Plasterboard）

— 纤维板（Fibreboard）

水泥基的板材主要特点是对水、霜冻、真菌和虫害具有较好的抵抗性。因此，水泥基的板材可大量用于外墙与地面接触的区域，也适合作为木建筑中的加固用板材。

石膏刨花板则只用于室内，主要作为墙壁和顶棚的饰面层，而纤维板常常作为水平构造的找平层。如果采取了增强耐候性的处理，石膏板和纤维板可用作外墙板。

2.3 木材保护

虫害　　与砖石和混凝土这些矿物材料不同，木材作为一种有机材料，会受到真菌和昆虫的侵害，从而影响到其外观和承载力。严重的真菌和虫害甚至会完全破坏建筑物。因此，木材保护在木结构建筑中是至关重要的。

真菌需要纤维素才能生长，它们在潮湿、温暖、不通风的地方生长得特别迅速。木材的含水率一旦达到了20%，就可能导致木材的腐烂。

昆虫（主要是甲虫）经常利用针叶树边材区域来哺育和安置它们的幼虫。白蚁是对木材破坏性最大的昆虫之一，它们主要生活在热带和亚热带地区、美洲以及欧洲南部的地中海国家。白蚁的侵扰从木材外面很难看出来，它们会在木材内部构建一个通道系统以避免水分的流失。被白蚁侵袭的建筑物或家具在有荷载的情况下会突然坍塌。

对于已经发生虫害的木材，需要控制其受损程度；对于没有发生虫害的木材，需要进行预防性保护。

在规划木结构建筑时，木材的预防性保护是最重要的。一般而言，有三种措施可用：

— 选择合适的木材

— 结构性木材保护

— 化学性木材保护

2.3.1 选择合适的木材

只有经过充分干燥和良好保存的木材才可以考虑用作建筑材料，特别注意木材含水率应低于20%。

许多国家的分类法还规定了哪些类型的木材是天然抗虫害的，如柚木、绿心木（拉丁名Chlorocardium rodiei）、亚柔贝木、橡木和刺槐木等（参见"2.1.1 树木的生长"）。在美国，推荐的木材类型包括洋槐木、黑胡桃木和红杉木。这些木材可以在不使用化学性保护的情况下用于建筑中易于暴露在水汽中的部分。但如果要与土壤接触，化学性木材保护是必不可少的。

2.3.2 结构性木材保护

设计者是结构性木材保护的关键。设计，尤其是细部设计，应该避免让木构件长期暴露于潮湿环境中。这个话题将在"4 作为建筑构件的木"一章中对基座、窗户和屋顶边缘的详细处理中再次讨论。 ∎

2.3.3 化学性木材保护

只有在所有其他木材保护方法都已尝试过但无效的情况下，才考虑使用化学方法进行木材保护。

可用的化学木材防腐剂包括水溶型（water-soluble）、溶剂型（solvent-based）、油性涂料和浸渍材料。为避免环境污染，涉及防腐剂的工艺（如蒸汽加压工艺、浸泡工艺等）只能在封闭的设备中使用。在建筑工地上只能对切割面和钻孔进行化学防腐处理。

> ∎ **小贴士**：在木结构建筑中，以下几点特别需要注意：
> 1. 防潮（屋檐出挑、凹槽、滴水板）。
> 2. 有组织排水（倾斜的表面）。
> 3. 让空气进入已经受潮的木材（为木材设计用于通风的空间）。

是否采用化学木材防腐剂，可以根据建筑构件的作用和性质决定。在此，将建筑构件分为三类：

— 用于承重和加固的木材
— 尺寸会变化的非承重木材
— 用于门窗的尺寸稳定的非承重木材

对于承重构件来说，预防性处理是必要的。一般由当地法律规定具体情况是否可以采用化学保护，例如，根据风险程度和相应的风险等级进行规定。

○

在某些情况下，使用天然具有防腐性的木材时，不需要采取化学防腐措施。

门窗   窗户和外门属于非承重但对尺寸稳定性要求高的构件，它们对各种误差的容忍度非常小。因此，门窗需要特别的防潮保护。但如果使用具有一定永久强度（permanent strength）的心材，也可以不作化学处理。

类似木饰面层、围栏和棚架这样的构件，既不需要承重，对尺寸稳定性的要求也不高。因此它们可以不使用防腐剂或不进行上漆，前提是，设计者或使用者可以接受它们的颜色变得越来越暗淡。在任何情况下，化学木材防腐剂都不应该大面积用于室内。

○ **注**：接触土壤的木构件面临的腐坏风险最大。因此，任何木质结构构件都应避免与土壤接触，从而让木材免于长期暴露于水分中。木材与地面之间应由一个约30cm的基座或墙裙分隔开，这个做法也成为木结构建筑的典型特征。

Construction

3 作为建造体系的木

瑞士建筑师保罗·阿塔利亚（Paul Artaria）曾经写道："石质建筑可以通过图纸描述，但木质建筑必须动手建造。"这个有点偏激的说法并不是要否定砖石结构的合理性，而是要说明木结构体系的特殊之处——以杆件为基础的结构逻辑和节点系统。

3.1 结构稳定性

木结构建筑有几类建造体系，每个体系都有其特定的承重机制和节点类型，以及满足结构稳定性的特定要求。本章将简要介绍木结构建筑体系的基本力学原理，然后详述其中最重要的几种体系。

3.1.1 承重结构

建筑物的结构稳定性取决于各种因素。首先，使用的材料必须有足够的承载力和适当的尺寸，以承受来自墙壁、屋顶和各层楼板的竖向荷载，地基也必须具有相应的承载力。

水平力也影响着所有的建筑。现实中水平力主要来自于风荷载，部分来自于冲击荷载。

3.1.2 加固结构

处理水平力的一种方法是对结构系统添加约束或进行刚性固定。首先，将支撑件固定在基础上，使其具有抗弯刚性，以防止其侧向移动或变形。最简单、最原始的约束形式是将支撑部位削尖然后插入地面。在钢筋混凝土建筑中，将混凝土柱约束在桶形基础上是很常见的做法，但这种固定方式却不能满足木材保护的要求。

加强木结构的恰当方法是使墙和楼板成为一个三维刚性结构。想象一下，一个纸板箱的侧壁可以相对容易地被推成菱形，但加上"盖子"就稳定多了。只有当水平的"盖子"被放好时，一个稳固的、加强的结构才算成立（图3-1）。

对平面构件（如墙板、楼板）进行加固的基本方式是利用三角形的稳定性。在木结构体系中，将构件连接成三角形是比较容易的。其中，斜向的构件称为斜撑，可以使矩形框架墙成为一个牢固的结构。

图3-2所示为制作墙板结构的各种方法：

a）在内部增加两根受压杆件，它们会根据水平力的方向不同交替受压。

b）在内部增加一根可受压亦可受拉的杆件，根据水平力方向的不同，时而受拉，时而受压。

c）在内部增加两根钢索（只能受拉），根据水平力方向的不同交替受拉。

三角形的稳定效应也可以通过平面构件实现，例如常见的斜向密铺做法（diagonal boarding），也可以按照特定角度平铺其他适用于加固的木材产品。

以上做法体现了木结构设计的特点。在下文讨论的木结构建筑中，将基于墙体的加固方式进行体系的区分。斜撑在古代木结构建筑中最为常见，而纵横交错的钢索往往构成了现代木骨架体系的特色。

○ **注**：一个平面构件，如果能吸收其纵轴上的力而不发生形变，那么它就被看作是一个静态稳定的结构。但这个构件对于同样大小的横向力的承受能力要小得多，很容易产生横向的形变，这个时候它们就作为水平承重结构。外力的方向决定了一个平面构件在结构体系里担任的角色（图3-1）。

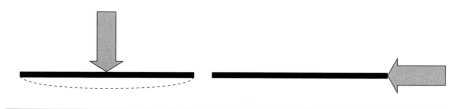

图3-1　稳定的结构（受力方向决定构件的角色）

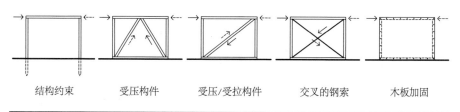

结构约束　　受压构件　　受压/受拉构件　　交叉的钢索　　木板加固

图3-2　墙的加固系统

3.2　木结构体系

　　建筑体系是在不同的条件下发展起来的：气候、文化特征、材料的可得性、工具和工艺水平。石头建筑在缺乏木材的南欧发展起来，而树木茂盛的北欧则产生了木结构建筑，但其中也存在地区差异。阿尔卑斯山和中西部山区以及拥有大量直干针叶树的北部，发展出了使用原木建造墙体的实木建筑。相比之下，长满落叶树的中欧和东欧则发展出了具有地域特色的传统木结构建筑。

　　19世纪以来（尤其是在20世纪），新的技术和材料大大改变了欧洲的木结构建筑。建筑工业开发出了高质量的钢节点，可以更有效地利用木材的横截面（主要用于骨架体系）。在北美，肋梁框架体系发展得十分成熟，这一体系使用简单的钉接节点。

　　木材工业正在不断向市场投放新的天然材料和合成材料。新的运输方式和日益增长的保温要求也促进了木结构建筑的发展。

　　从原木产品到工程木产品，从木框架体系到木骨架体系，木结构体系到今天依然以杆件为基础。每个在这个领域工作的人都必须理解下文介绍的几种体系。在未来，新的体系，尤其是基于木墙板的建造体系，将会大大拓展木结构建筑设计和建造的可能性。

3.2.1 原木体系

"编织建造"（Strickbau）是时常出现在木结构文献中的术语，在原木体系中，水平构件在末端相互交叉，所以被描述为近似编织的状态。

原木体系的一个特点是木材的用量巨大。水平叠放的构件很容易跌落，因此，采用生长规律、枝干笔直的软木是最合适的。最初，墙体是由圆木建造的。建造者们会把圆木之间的接触面稍作平整，接缝处用苔藓、麻纤维或羊毛进行密封。

墙体交接处采用交叉半榫（scarf）[⊖]连接使其不受张力影响：相交的两段木材在连接处各切掉厚度的一半，互相咬合，在两面墙之间形成一种纽带（图3-3）。

技艺水平会随着工具的迭代而提高：榫卯结构改善了连接方式，使用方木代替圆木可以使墙体的截面更加均匀平整。而今天，人们使用的榫卯节点比原始版本更加精密复杂（图3-4）。

典型的原木体系中，水平木方叠合处用榫槽（mortise and tenon）连接；墙体交角的地方采用前文叙述的交叉半榫连接；内墙与外墙交接的地方采用具有抗拉性的燕尾榫（dovetail joints）连接（图4-16）。

节点

⊖

> ⊖ **注**：交叉半榫是木结构节点的一种，相交木材各自削去厚度的一半，以使切口咬合后的各端面是平齐的。在接合面增加槽口（类似梳齿榫"cogged joint"的做法）可抵抗拉力。燕尾榫的锥形设计也是同理。

⊖ 欧洲的榫卯结构与中国传统的榫卯结构在分类方式上存在差异，因此，本书中的榫卯节点无法一一准确对应中文名。本书中存在多个英文名不同的榫卯对应中国一类榫卯的情况，也存在一个英文榫卯名对应中国多类榫卯做法的情况。译者在翻译时，根据本书图示的榫卯节点选取对应的中文名称。建议读者在理解榫卯节点的做法时，以读图为主要方式；在需要检索英文资料时，以括号中注明的英文名称作为检索关键词。——译者注

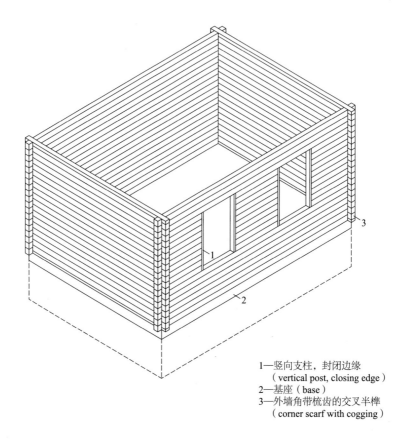

1—竖向支柱，封闭边缘
  （vertical post, closing edge）
2—基座（base）
3—外墙角带梳齿的交叉半榫
  （corner scarf with cogging）

图3-3 原木体系轴测图

    由单层木方组成的墙体截面已经不能满足现代建筑采暖和制冷的
要求了。因此，现代原木结构有额外的保温层，理想情况下通常安装
在外部以避免冷凝水对建筑的影响。如此一来，原木结构这种木材叠
放的外观特征现在只能通过在保温层外部再增加一层木板来实现，这
层木板可以保护保温层不受天气影响。现在，木材行业提供的原木建
筑墙都是木板夹隔热材料的"三明治"结构。

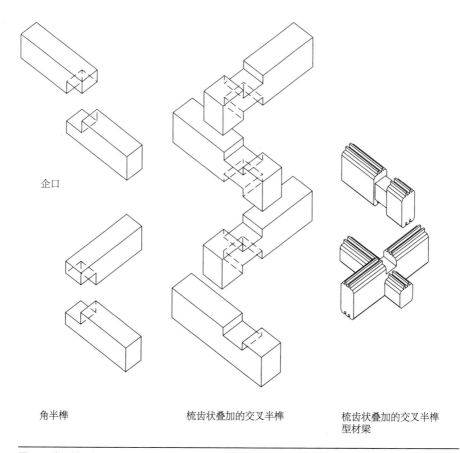

企口

角半榫　　　　　　梳齿状叠加的交叉半榫　　　梳齿状叠加的交叉半榫型材梁

图3-4　常见榫卯轴测图

　　木方的顺纹面受压会导致原木建筑产生沉降,一层的沉降尺寸可 沉降
以达到2~4cm,在制作门窗时必须考虑到这个因素。垂直框架或柱子
在顶部要预留足够深的切口以吸收墙体的沉降,避免其产生二次弯曲
(图3-5)。沉降问题也对窗框和过梁之间隐蔽的连接节点提出了技术
要求。此外,任何穿过建筑的竖直井道(例如烟囱或设备管井)的节
点都应该允许一定量的位移,因此不能与建筑进行刚性连接。总之,
原木建筑虽然看起来很原始,但是实际上它对建造工艺和设计经验都
提出了很高的要求。

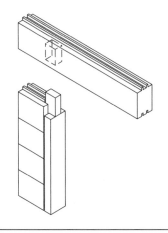

图3-5　考虑了沉降的窗框节点

图3-6　原木体系节点照片，从左到右依次是外墙角节点、内墙连接节点、窗框节点

对于原木体系的建筑，本书推荐采用规整的矩形平面。

原木体系的立面设计应确保任何部位的开口都尽可能地小和少，以免过度削弱墙体结构。古典砖石结构中常见的穿孔立面放在原木体系里也是恰当的设计元素，因为原木体系本质上是一种砌体体系（图3-6）。

3.2.2 传统木结构体系

传统木结构体系清楚地揭示了结构中荷载的传递，因此德国专业出版物有时将其称为 "Stil der Konstruktion"（construction style，建构风格）。传统木结构体系的魅力在于其承重和非承重部分之间、结构墙和填充墙之间有明显的区别（图3-7）。

承重柱之间的构件称为隔板（panels）或隔墙（compartments）。历史上的木结构建筑曾经用砖石或黏土加植物枝条（wattle and daub）填充隔墙区域。目前，对温暖的室内环境的需求使得保温层变得不可或缺，并需要外饰面层来保护它不受天气影响。保温层朝室内的一面也同样需要饰面层。

填充墙

由于填充墙不用于承重，所以完全可以在木墙面上开洞。窗户不能随意设置，但可以有很多扇，只要符合建筑的网格模数即可。因此，在传统木结构体系的建筑中，为房间提供日光比原木体系的建筑更容易。

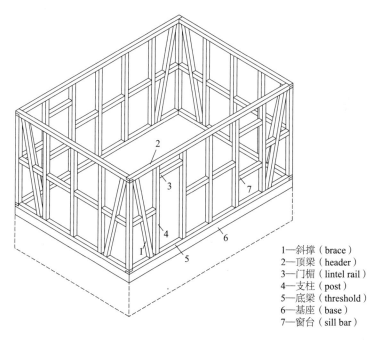

1—斜撑（brace）
2—顶梁（header）
3—门楣（lintel rail）
4—支柱（post）
5—底梁（threshold）
6—基座（base）
7—窗台（sill bar）

图3-7 传统木结构体系轴测图

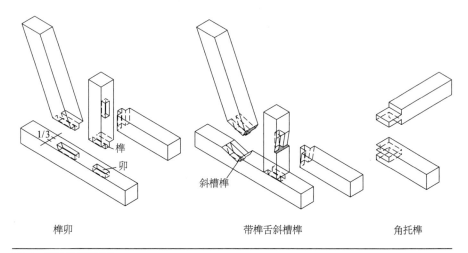

| 榫卯 | 带榫舌斜槽榫 | 角托榫 |

图3-8　榫卯节点轴测图

　　榫卯（mortise and tenon）是典型的木结构建筑节点，用于平整地连接木构件。斜槽榫（Oblique dado）节点可以更好地传递应力，常用于连接斜向构件。水平构件如门槛和门楣也是用榫卯连接的，比如可采用"3.2.1　原木体系"一节中提到过的交叉半榫（corner scarf）（图3-8　参见"3.2.1　原木体系"）。

　　传统木结构的特征是：垂直支柱、横枋和斜撑，固定在底梁（threshold）[⊖]和顶梁（header）之间。由于木材在这里主要是受压的，因此10cm×10cm、12cm×12cm或14cm×14cm是推荐的方形截面尺寸。底梁和顶梁也常常采用矩形截面的构件。

　　不管是一层还是多层的传统木结构，由于水平承重构件只有底梁和顶梁，沉降程度相比原木结构要小得多。

> ○ **注：**对于榫卯连接，木材的卯口最好分成三部分，以便与榫舌更好地连接。榫舌的深度应小于4cm，这样承重木材的截面就不至于被过度削减。

⊖　"threshold"在西方传统木结构体系内是具有结构作用的构件，但在中国传统木结构体系内，门槛往往是独立于承重结构之外的构件。为避免产生误会，此处"threshold"不译为"门槛"。——译者注

楼板的肋梁通常安装在顶梁上。在没做完饰面层的时候，可以从外部看到肋梁的端头。在楼板之上，可以继续从底梁开始建造下一层楼的木结构。对于承重结构贯穿两个或更多楼层的木结构，楼板必须悬挂在墙壁之间（图4-21）。 楼板

传统木结构一般是用硬木建造的，最好选用橡木。建造方法因地区而异。例如，在德国有弗兰肯式（Franconian style）、阿勒曼尼式（Alemanic style）和撒克逊式（Saxon style）木结构的区别，其典型结构构件和名称往往也存在地区差异。

柱子的间距通常为100~120cm。然而，在木结构的历史上也出现 网格过尺寸更小和更大的柱间距。尽管有各种结构上的限制，木材在建造和设计方面都带来了大量创新的可能性。许多古迹保护机构都试图留存历史上出现的多样的木建筑，并将它们视作城镇景观的重要部分加以保护。因此，在现有环境中进行设计时，建筑师必须熟悉历史上的木结构建筑的原则。在现代木结构建筑中，大量的柱子、斜撑和横枋增加了保温节点的复杂度，也带来了巨大的工作量。如今，木节点的高水平手工工艺已在很大程度上被计算机控制的铣削工艺所取代。

3.2.3 木框架体系

现代木框架体系起源于北美洲。在铁路沿线快速定居需要一种可以在短时间内完成的简单、经济的建筑方法。木材正是合适的材料，且适应这片大陆的所有的气候条件。

19世纪上半叶，工业技术开始影响木结构建筑。以蒸汽为动力的锯木厂和机器制造的钉子改变了欧洲的传统木结构体系。

大量不同的木材截面被统一的、接近板状的截面所取代。钉接工艺十分简单，用户可以自己动手，不需要特殊工具就能轻松完成。由此，钉接取代了复杂的手工节点。细长的木材截面通过侧向钉接组合在一起。与欧洲传统木结构体系相比，北美的木框架更加紧密，且贯穿整个建筑的高度。此时的北美木框架体系也被称为"气球式框架"（balloon frame），这个术语中隐含了一些对这一体系的异乎寻常的轻盈感的揶揄（图3-9）。

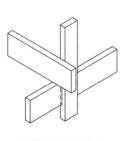
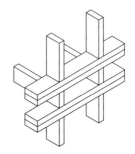

气球框架构件相交处　　　　　板式框架构件相交处

图3-9　两种木框架体系中梁柱构件的交接方式轴测图

　　类似的建造体系在欧洲也称为梁柱式构造（post-and-beam construction），它有以下的几个缺点：难以获得大尺寸的木材；施工过程中将超长的结构构件放置在适当的位置也格外困难；贯穿所有楼层的垂直构件还会传播声音——因此，木框架建筑更适宜逐层施工，美国称之为"平台式框架"（platform framing）。每一层的顶板就是组装上面一层木框架的工作平台[⊖]。

　　现代木框架是从"气球式框架"发展而来的，可以理解为一种在地面上组装出墙体框架的方法。一个框架单元通常是一层高，不过也有两层楼的木框架的例子（图3-10）。

木肋体系　　因为这些直立的构件通常采用扁长的横截面且靠得很近，木框架体系有时被统称为木肋体系（rib construction，德语Rippenbau），特别是在德国。

横截面　　20世纪初的欧洲现代建筑主要以混凝土为材料。因此，木框架体系直到20世纪80年代才被广泛接受，当时美国的建筑师在寻找更经济的建筑体系，于是木结构体系被广泛接受了。美国的"2×4"英寸标准（约是5cm×10cm）在欧洲变成了更加坚固的6cm×12cm的

⊖　本段所说的"梁柱""框架"，都是墙体内部的构造，而中文语境中的"框架体系""梁柱体系"是针对整个建筑结构的系统而言的，请读者注意区分。——译者注

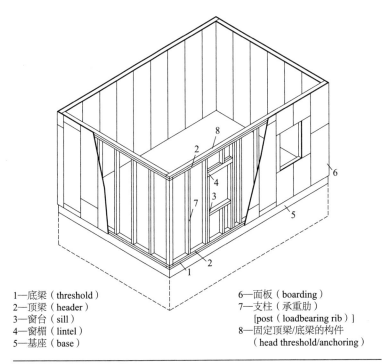

1—底梁（threshold）
2—顶梁（header）
3—窗台（sill）
4—窗楣（lintel）
5—基座（base）

6—面板（boarding）
7—支柱（承重肋）
　[post（loadbearing rib）]
8—固定顶梁/底梁的构件
　（head threshold/anchoring）

图3-10　木框架体系轴测图

截面。

　　在典型的木框架体系中，木材一般采用对接钉接⊖（nailed butted joint）的方式，且应斜向打钉，以最大化连接强度。框架外的面板同

○ 节点

> ○ 注："2×4"英寸是一种经过验证的木构件横截面，可以用各种方式使用和组合。有时"2×4"被用作木结构建筑的通用术语。在中欧地区的气候条件下，较高的保温标准通常意味着横截面需要更厚，现在通行的构件截面尺寸更接近"2×6"英寸。

⊖　对接（butted joint）是指两个构件呈90°角相连接，且构件交接处的形状不改变（如做了榫卯则不能算对接），对接侧重于描述构件的位置关系；钉接（nailed joint）描述的则是构件的连接方式。——译者注

侧视图　　　　　　　　　　轴测图

图3-11　对接钉接节点

时也是加固板，有助于增强连接节点的刚性，还能防止钉子被意外拔出（图3-11）。

网格　　　木框架体系的龙骨网格通常以加固板宽度为模数。常用的单元间距是62.5cm（参见"2.2.2　木基产品"）。保温材料的标准宽度也可以成为确定建筑网格尺寸的决定性因素。

　　　木框架建筑的一个特点是建筑的总长度不必与龙骨间距的倍数严格相关。龙骨的重复规律（图3-12）通常在墙的末端被打破，由一个特殊尺寸的单元来收边。窗户和内墙的布置也可以自由设计，而不是像传统木结构体系一样遵从于建筑网格。木框架体系建筑中的网格主要是为了经济地使用材料，而不是为了结构和美观。因此，与其他木结构体系相比，木框架体系在设计建筑的平面或剖面时几乎没有任何限制。

装配　　　在组装阶段，承重构件不再像传统木结构建筑那样先立起再安装，而是先将构件在地面钉成一个框架，然后安装在底梁上，底梁则用钉子牢牢固定在刚建好的一层的楼板上。由独立底梁和框架底梁组成的双底梁（double threshold）是木框架体系的典型特征。两根底梁之间也采用钉接方式横向连接，不需要制作复杂的榫卯节点。在框架连接的地方，结构的总截面尺寸会呈两到三倍增加⊖（图3-13）。

⊖　因为增加了用于连接的构件。——译者注

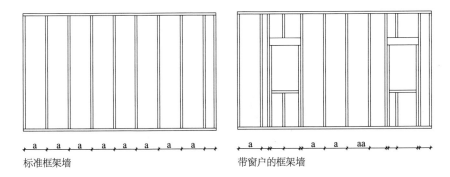

标准框架墙   带窗户的框架墙

图3-12 标准框架墙与带窗户的框架墙

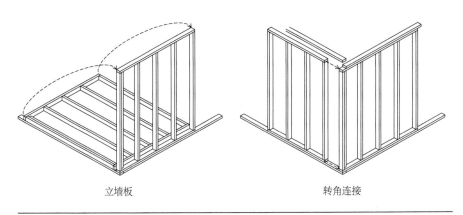

立墙板   转角连接

图3-13 立墙板与转角连接的轴测图

  墙与墙之间的锚固也遵循同样的原则。墙体框架的上部通过一根额外的顶梁固定在一起；顶梁从一面墙跨到另一面墙，像圈梁一样起到拉结的作用，增强结构的整体刚度。

  细长截面的肋梁搭在木框架墙上，长度与楼板的跨度相同。这些 楼板 肋梁钉在楼板边缘的顶梁上，以避免安装过程中产生倾斜，在楼板铺设之前，这种连接还不完全稳定；楼板铺设之后就与肋梁和顶梁形成了一个坚固的模块，可以直接用作下一层楼的建造平台（图3-14）。

图3-14 木框架墙的室内外照片

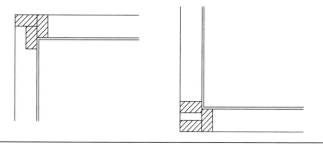

图3-15 角部处理

○ 　在美国，采用平台式框架的建筑最高可达到六层。

3.2.4 木骨架体系

　　木骨架体系（Skeleton construction）是从木结构建筑发展出来的，它满足了人们对自由的平面划分和更多的开窗面积的需求。木骨架体系常常用来统称木结构。

> ○ 注：在连接墙体时，必须先安装好角柱，保证在安装内饰面（占横截面一半宽度，如3cm）时两个方向的构件都可以固定在角柱上，可能的构造做法如图3-15所示。

总的来说，专业文献对木骨架体系的描述是：由柱子和梁组成的主要承重结构支撑着次梁和椽子组成的次要承重结构；构成房间的墙壁独立于承重骨架。因此可以在建筑外立面采用大面积的玻璃幕墙，同时也使建筑的平面设计更加灵活。木骨架体系实现了20世纪现代主义建筑推崇的"表皮加骨架"的原则。

在木骨架体系中，承重柱的间隔比木框架体系和欧洲传统木结构体系的柱间隔要大得多。承重骨架通常在内部或外部都是可见的。用GLT（glu-laminated timber，胶合层压木，参见"2.2.1 实木"）制成的横梁使大跨度空间成为可能，因此在骨架体系中发挥着重要的作用（参见"2.2 木材产品"）。

网格

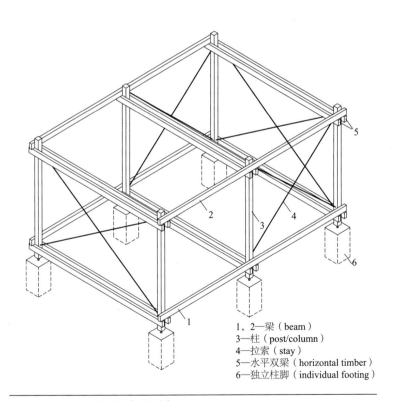

1，2—梁（beam）
3—柱（post/column）
4—拉索（stay）
5—水平双梁（horizontal timber）
6—独立柱脚（individual footing）

图3-16 木骨架体系轴测图（双梁式）

风力通常由斜向布置的钢索或圆钢管吸收，木骨架体系只承受拉力（参见"3.1.2　加固结构"）。

较大的柱间距意味着柱础各自独立并且与墙体及其饰面层脱离，于是，柱与柱础连接处的镀锌钢板成为木骨架体系中一个引人注目的建筑细部。

多层木骨架建筑的建造过程并非逐层进行，而是先安装好通高的结构柱。水平梁可以做成并行的双梁夹住柱子（图3-16、图3-17），也可以做成单梁与柱子对接（图3-18、图3-19）。

节点　　　　在木骨架体系中，梁柱交接处的金属连接件不会过多削弱木材的截面。与原木体系和传统木结构体系常用的手工榫卯连接不同，木骨架体系连接件的尺寸是由结构工程师根据建造技术表来确定的。因此，木骨架体系的连接方式被称为标准化连接（engineered connections）$^{\ominus}$。

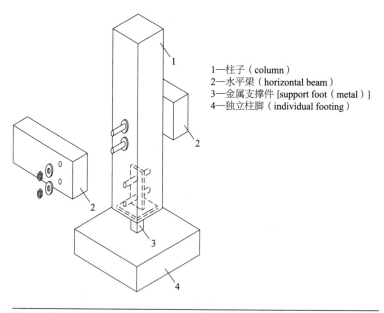

1—柱子（column）
2—水平梁（horizontal beam）
3—金属支撑件 [support foot（metal）]
4—独立柱脚（individual footing）

图3-17　基础上的螺栓节点轴测图

$\ominus$　标准化连接为意译，"engineered connections"直译为"工程连接"。——译者注

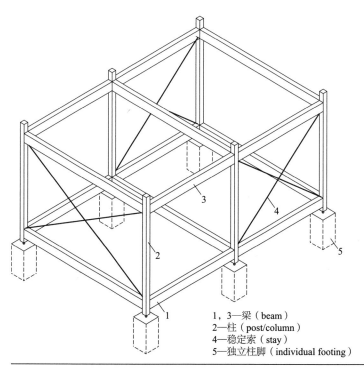

1，3—梁（beam）
2—柱（post/column）
4—稳定索（stay）
5—独立柱脚（individual footing）

图3-18　木骨架体系轴测图（单梁式）

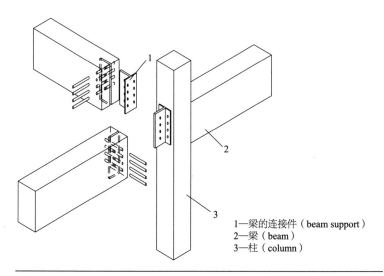

1—梁的连接件（beam support）
2—梁（beam）
3—柱（column）

图3-19　梁柱对接节点轴测图

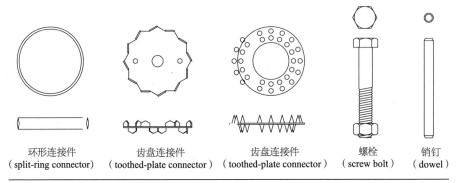

| 环形连接件
（split-ring connector） | 齿盘连接件
（toothed-plate connector） | 齿盘连接件
（toothed-plate connector） | 螺栓
（screw bolt） | 销钉
（dowel） |

图3-20 特殊连接件、螺栓和销钉

节点材料　　　为了使横向叠合的木构件在连接处能更有效地传递荷载（图3-17），专门设计的连接件（图3-20）通常是环形结构，它们能承受作用在连接处的负荷，并将其传递给尽可能多的木纤维。连接件用拧紧的螺栓进行固定。

　　　　另一种连接件是圆柱钢销（steel dowel），它被打入预埋件的孔洞中，与钢板一起传递荷载。这意味着在梁柱对接的地方，节点可以藏在内部（参见图2-19、图4-13，以及"4.4　楼板"）。

3.2.5　木墙板体系

　　　　木结构建筑的独特优势包括相对较短的组装时间和干法施工工艺，这意味着建筑在建成后可以立即投入使用。工厂可以预制构件、预制墙板或者预制单元。预制的程度越高，越有助于缩短建造时间。

预制　　　　木框架建筑的墙体特别适合在工厂进行预制，应尽可能地将生产过程从建筑工地转移到车间，使施工过程不受天气条件影响。

　　　　木墙板体系则可以将预制装配的优势发挥到极致。预制墙板单元（通常有整层楼高），整合了包括保温层在内的完整墙体构造，在现场只需将它们竖起来再固定即可。木墙板体系构件连接处是最关键的部位，地板和楼板也是预制的，要么放置在墙板之上，要么夹在墙板之间（图3-21）。

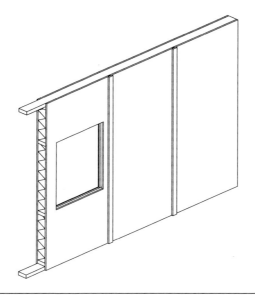

图3-21 木墙板单元

木墙板体系作为一种基本的板式建造方法，仍然需要相对较多的人工操作，但近年来出现了工业化的趋势。正交胶合木（CLT）和边缘胶合木（edge-glued elements）这两种超大尺寸的工程木被生产出来用于承重墙，这使得木墙板体系和混凝土的板式建构体系（slab construction）越来越像。

这意味着木结构建筑正越来越多地从木龙骨体系转向木墙板体系。在过去的几十年，行业默认的原则是尽可能经济地使用木材。而现在，高度工业化的建筑体系和对木材更持续的使用似乎预示着方向性的变化（参见"2.2.2 木基产品"）。

在东欧国家和斯堪的纳维亚半岛，混凝土板式建造体系（Slab construction using concrete panels）是很常见的。由于混凝土板重量非常重，因此单个单元被限制为单层楼的高度。相比之下重量更轻的木材可以做成高达四层的结构单元，还可以进行定制化生产，如此，木结构建筑的外形就不会千篇一律（这是预制化、标准化立面单元常见的问题）。计算机辅助设计（CAD）和数控加工技术让木构件的生产

板式建筑

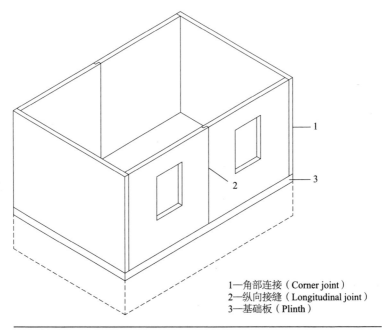

1—角部连接（Corner joint）
2—纵向接缝（Longitudinal joint）
3—基础板（Plinth）

图3-22　实心板体系轴测图

更加简易。

　　木墙板体系是否会比木骨架体系更受欢迎？这取决于多种经济因素。木骨架体系需要较高的人工成本，木墙板体系则需要复杂而昂贵的起重设备，大构件运输和大型生产车间带来的成本也不低。

3.2.6　实心板体系

　　对于使用实心板体系的建筑，可以在文献中找到"实心板建筑"这一术语（图3-22）。制作实心板的基本方法，是将较小较薄的木板材单元连接在一起：比如通过边缘胶合的工艺做成胶合层压木（glue-laminated timber）；通过交错层叠的工艺做成正交胶合木（cross-laminated timber）；将竖直并排的木方或木板钉在一起，做成层板钉接木（NLT）。

　　此外还有一些特殊的产品。例如由竖向木板组成的墙体，木板在没有黏结剂或金属的情况下分几层用燕尾榫连接起来。这种墙板对加工精度要求很高，需要使用数控机床。这类结构体系有一个好处：木构件没有明显的收缩，因此也就没有不均匀的沉降。

本节重点介绍正交胶合木（CLT），这种工程木材在建筑中经常使用。在实心板体系中，半木体系（half-timbered construction）[⊖]、木框架体系和木骨架体系中使用的建筑网格不再起作用，面板尺寸可以根据设计和布局来确定，这意味着设计师会有更大的设计自由。结构尺寸的确定要综合考虑结构稳定性、跨度、压杆的有效长度（buckling length）[⊜]和建筑的加固做法。

承重的CLT墙至少有一层楼高，但通常也可以延伸到两层及以上，它们与水平实心板共同构成了主体结构。构件的高度主要取决于运输限制以及加工车间的大小。

实心板体系的预制程度有很多种。最基本的预制产品为带有洞口但不包括保温层的结构墙体；复杂一点的预制墙整合了保温层、面层和安装好的门窗；也有整个房间的预制模块。无论程度如何，预制装配建筑大部分工作都在车间进行，极大地缩减了现场施工时间（图3-23）。

承重构件是CLT，其制造原理类似于家具常用的胶合板（plywood），后者由数量不均的、几毫米厚的单板组成（参见"2.2.2　木基产品"）。CLT虽然也是单板层压叠合的，但壁厚在5~30cm之间，有很高的刚性和强度。

墙体交接处常用螺钉连接；螺钉在竖直方向上的间隔不应超过 节点
30cm。考虑到CLT各层板材的纤维方向不同，螺钉垂直插入无法保证足够的抗拉强度，因此需要从两个方向斜着插入。螺钉的角度与面板厚度有关，最多可以达到45°（图3-24）。

⊖　半木体系历史悠久，在欧洲十分常见，其基本建造逻辑与木框架体系类似。——译者注
⊜　有效长度是指压杆屈曲后挠曲线上正弦半波的长度。——译者注

图3-23 实心板体系的照片

连接件 　　木构件相互连接处，常用钢螺栓（steel bolt connectors）插入木构件端部的横纹面，这种连接方式在家具中也十分常见。

　　在安装木构件时，需用螺钉旋具一类的工具转动螺栓，使上面的孔与一个钢制圆柱体或半圆柱体对位，并将后者精确地嵌入木材中。如此，应力会通过这个圆柱体均匀地传递到木材纤维上（图3-25）。

　　在角部，构件可以进行对接，也可以采用企口（rebated joint）连接。内外墙相连时一般采用对接（图3-26）。此外，将两面墙体进行纵向拼接十分常见，这种情况一般采用T形半榫（lap joint）（参见"3.2.1 原木体系及图3-27"），在连接处垂直于墙体表面钉入螺钉即可实现足够的节点强度，无须从两侧斜向打钉。

楼板平台 　　楼板的连接方式由墙体构件的高度决定。在一层高的建筑中，楼板可以直接放置在墙上并用螺钉固定，楼板的跨度要包含墙体的完整厚度。在木框架体系中，上一层的墙被放置在楼板上，用角钢固定（参见"4.4 楼板"）（图3-28）。

　　如果墙体构件穿过多个楼层，就需要在墙体上安装承重梁或连续的钢型材以支撑楼板，角钢或C型钢都是合适的选择。

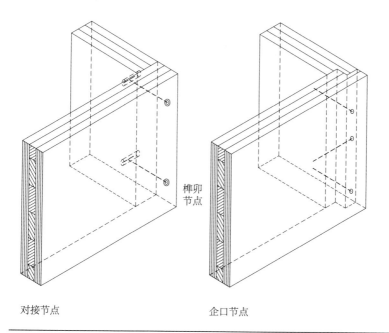

榫卯
节点

对接节点   企口节点

图3-24　角部连接节点轴测图

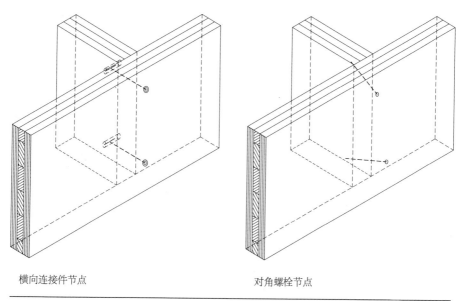

横向连接件节点   对角螺栓节点

图3-26　内墙节点轴测图

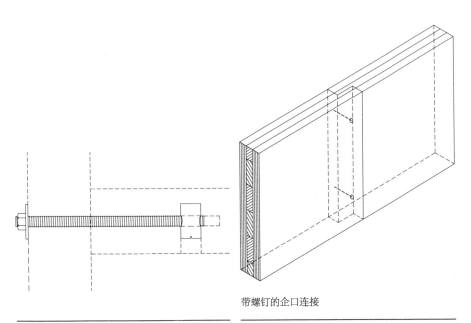

带螺钉的企口连接

图3-25　螺栓连接件　　　　　　　　　　　　图3-27　墙板纵向拼接节点轴侧图

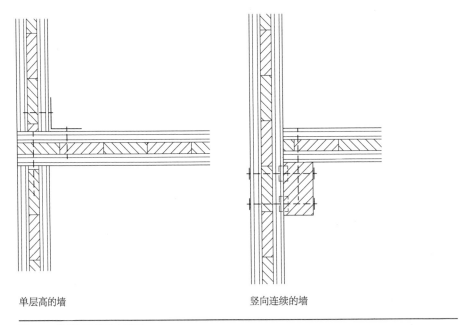

单层高的墙　　　　　　　　　　　　　　　　竖向连续的墙

图3-28　带楼板的墙身大样图

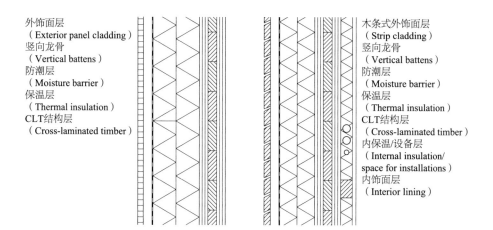

外饰面层
（Exterior panel cladding）
竖向龙骨
（Vertical battens）
防潮层
（Moisture barrier）
保温层
（Thermal insulation）
CLT结构层
（Cross-laminated timber）

木条式外饰面层
（Strip cladding）
竖向龙骨
（Vertical battens）
防潮层
（Moisture barrier）
保温层
（Thermal insulation）
CLT结构层
（Cross-laminated timber）
内保温/设备层
（Internal insulation/
space for installations）
内饰面层
（Interior lining）

图3-29　墙体剖面图

平屋顶的建造方式和楼板类似。建造坡屋顶时，可以选择改用传 墙体建造
统技术，也可以采用实心板（solid timber panels）体系。

虽然有的木结构墙体可以仅仅凭厚度满足保温的需求，但在实心
板体系中更常见的是，实心板用于搭建出建筑的基本形态骨架，而
后附上保温层和外饰面。这种外墙构造和砌体结构类似。根据建筑
物理学的原理，保温层通常安装在墙体外侧，其外还需覆以木板或
其他板材做的外饰面。由于外饰面不能抵挡外界气候的影响，所以
外饰面内侧还需要一个防潮层来保护保温层（参见"4.2　外墙"）
（图3-29）。

适当长度的螺钉可以将肋板直接固定在CLT上。原则上也可以使
用带有完成面的复合保温模块——尤其是考虑到CLT不会因为收缩或
膨胀发生形变。一般来说，没有必要在墙体内部安装防潮层，这意味
着墙体的内完成面主要由室内设计决定。然而，在很多时候都会有石
膏板或其他木基板材做的内部饰面层，这也为额外的保温层提供了安
装的可能性。

实心板体系的基础与其他木结构体系的基础在做法上没有明显区 基础
别。实心板墙体可以立在钢筋混凝土楼板或者由条形基础支撑的其他

平板构件上，这个平板构件将支撑整个实心板结构。同理，木结构保护的规则也适用于实心板结构，这意味着木结构最好放置在混凝土基础和基座上面。

不同体系的
适用范围

木结构包括多个结构体系，为某个特定的项目选择结构体系需要考虑许多因素。其中一个重要的决策是采用开放式的体系还是封闭式的体系（即选择骨架式还是实墙式）。此外，结构体系的选择还应加入制造、运输和装配方面的考量。

尽管已经有许多成熟的结构体系，木结构建筑仍在继续发展。近年来，木材常常与其他材料结合使用，比如木材与钢筋混凝土复合的结构，可以最大限度地发挥两种材料各自的特性。

4 作为建筑构件的木

本章论述了基础、墙体、楼板和屋顶的基本构造做法，以及它们 ○
与整个木结构系统相结合的方式。本章将特别关注较为复杂的构造以
及与相邻建筑构件之间的连接。

每一个建筑构件都给出了比例尺为1∶10的案例详图，既有木框架
体系中的做法，也有传统木结构体系中的做法。这些案例展示了特定
构件在建筑整体中的情境及其关键构造问题，但请读者注意，案例中
的构造做法并不能涵盖所有的可能性。

4.1 基础

由于作结构用途的木材必须得到保护，所以任何木结构的基础都
应高出地面约30cm。木结构可以立在地下室的顶板上，如果没有地下
室，则可以直接立在混凝土或砖石砌块基础上。除了某些地基土质带
来的特殊情况，有以下三种基础类型可用于木结构（图4-1）：

— 板式基础——平面
— 条形基础——线性
— 独立基础——点状

4.1.1 板式基础

任何木结构建筑体系都可以采用板式基础。板式基础也特别适配
木结构，因为后者需要一个平台来进行装配。混凝土板下面可以铺
一层压实的抗冻砂砾（粗砂砾），或者建造延伸至土层冰冻线（Soil
freezing line）以下的抗冻墙（ice wall）。

○ **注**：对于屋顶，本书仅讨论其与外墙相交的连
接节点。因为屋顶相关的内容在Birkhäuser出版社
出版的Ann-Christin Siegemund所著的《屋顶建筑
基础》（*Basics Roof Construction*）中进行了单独
的论述。

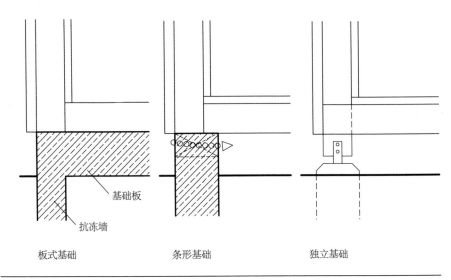

基础板

抗冻墙

板式基础　　　　　条形基础　　　　　独立基础

图4-1　三种基础类型

如果建筑物带有地下室，则通常由地下室的钢筋混凝土顶板作为木结构的基础板。

4.1.2　条形基础

如果使用条形基础，则必须用木板做出特殊的地板结构。保护用作结构的木材至关重要，这就需要地板下方保持良好的通风。同时，地面和龙骨之间的缝隙，需在保证通风效果的前提下尽可能小，以避免小型动物进入。

另一个要点是，条形基础上的地板需要做保温措施。在基础上铺设木材后，保温材料只能从上方放入托梁之间。在填充保温材料之前，应先保证对应位置的底板已被固定在龙骨上（龙骨则被预先固定在地梁的两侧（图4-4），每固定好一块底板就在对应位置填充一点保温材料。替代方案是铺设预制的保温楼板单元。

在这两种情况下，龙骨的尺寸与普通地板单元十分相近，根据条形基础上的间距大小而定（参见"4.4　楼板"）。

4.1.3 独立基础

独立基础是一种特别适合于木骨架体系的基础类型。在木骨架结构中，建筑荷载集中在很少的柱子上，并于特定的点转移到地基上。独立基础可以减少地基挖掘的土方量。

在独立基础上做地板的构造与中间楼层类似，其骨架通常包括主梁和副梁。

为了保护起结构作用的木构件，工业界生产出各种异形的镀锌钢构件用于柱子和基础的连接。图4-2所示为一个木柱与混凝土基础的连接节点。此外，在木结构的支撑底座这个敏感的位置，必须尽可能地保证自由通风和畅通无阻地排水（参见"2.3　木材保护"）。

4.1.4 基座

所有施工方法都会对建筑物的基座有特定的要求。这些要求是由地面的湿气、降水或冬季的雪水等因素而生成的。为保护木构件（参见"2.3　木材保护"），外墙应离地面30cm，然后用防潮材料与地面连接。

用裸露的混凝土建造基座是一种常见的解决方案。混凝土提供了防潮保护，也在外观上清晰地界定了木结构的范围。出于这个原因，混凝土基础板应向外延伸至立面的位置。使用现浇筑混凝土时，可以

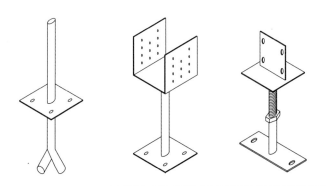

图4-2　异形柱脚连接件

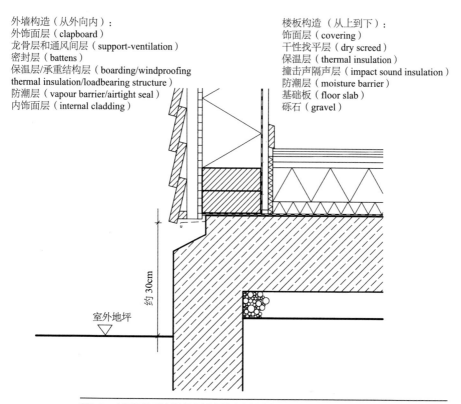

外墙构造（从外向内）：
外饰面层（clapboard）
龙骨层和通风间层（support-ventilation）
密封层（battens）
保温层/承重结构层（boarding/windproofing thermal insulation/loadbearing structure）
防潮层（vapour barrier/airtight seal）
内饰面层（internal cladding）

楼板构造（从上到下）：
饰面层（covering）
干性找平层（dry screed）
保温层（thermal insulation）
撞击声隔声层（impact sound insulation）
防潮层（moisture barrier）
基础板（floor slab）
砾石（gravel）

约30cm

室外地坪

图4-3　木框架体系中混凝土板式基础上的墙身大样图

通过底座形状的设计在木质立面后做出通风口。为了避免基座表面留下污渍，基座不应该与木质面层完全平齐，而是略微退后一个滴水线的宽度。立面间层的通风区域必须在边界处设置防虫网（图4-3）。

木材保护　　　由于门槛（或框架底梁）是暴露在外的构件，且离潮湿的地面很近，故应选择特别耐腐蚀的硬木。如果当地法律允许，应该尽可能不使用化学保护（德国的木材保护条例允许不使用）。木材与潮湿的混凝土层应当隔开，基座上的密封涂层和外墙的隔汽膜可共同起到隔离作用。

○

> ○ **注**：木结构建筑必须固定在基础上。门槛（框架底梁）和构造柱都应该每隔一段距离用高强度销钉或连接件固定在板式或条形基础上。

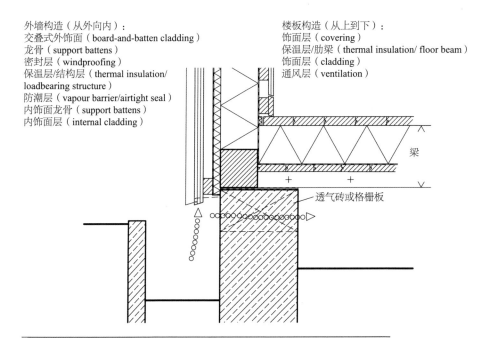

外墙构造（从外向内）：
交叠式外饰面（board-and-batten cladding）
龙骨（support battens）
密封层（windproofing）
保温层/结构层（thermal insulation/loadbearing structure）
防潮层（vapour barrier/airtight seal）
内饰面龙骨（support battens）
内饰面层（internal cladding）

楼板构造（从上到下）：
饰面层（covering）
保温层/肋梁（thermal insulation/ floor beam）
饰面层（cladding）
通风层（ventilation）

梁

透气砖或格栅板

图4-4　实心板体系中条形基础上的墙身大样图

　　图4-4所示为外承重墙下的条形混凝土基础。基础非常宽，能够支撑门槛（框架底梁）和地板下的龙骨。如果木地板和地面之间的空隙能起到通风的作用，防潮层可以不延伸到墙体内表面。基础的顶部应使用多孔砖或金属栅格以实现通风。

　　外露的基座是木结构建筑的一个关键视觉元素。如果想要像图4-4那样，降低入口高度以营造出没有基座的形象，可以降低建筑物附近的场地平面，同时也把基座降低，形成围绕建筑物的一条浅沟。木材的防护在这种情况下依然很重要。此外，为了安全起见，最好用栅板覆盖这条浅沟。

4.2　外墙

　　作为建筑物的对外界面，外墙承受了风雨的侵袭，也受到温度波动、噪声和辐射的影响。从内到外，外墙的各层构造必须应对温度梯度变化、空气对流、声音传播和水汽渗透等问题。

4.2.1　分层构造

在砖石结构以及原木结构中，一种材料同时承担了结构层、保温隔热层、密封层和饰面层的角色。在轻质的木骨架体系中，这些功能可以由不同构造层中的不同材料承担。这些材料必须按照正确的顺序安装，互相匹配，否则就会导致外围护结构出现性能的薄弱点，而这对于木骨架体系来说是不能接受的。建筑师负责确定各构造层的顺序和厚度，并明确各层的连接方式。首先要做的决定是，采用单层还是双层的墙体结构（图4-5）。

单层和双层的墙体结构，根本区别在于外饰面和承重结构之间是否存在通风间层。在单层墙体结构中，外饰面和承重结构紧密联系在一起；在双层墙体结构中，墙体被通风间层分成了内、外两层，分别承担以下的功能：

外层	保护层（Weatherproofing）、通风间层
内层	密封层⊖（Windproofing）、保温层、承重结构层、防潮层、内饰面层

4.2.2　建造科学

通风

最安全、最常见的做法是带有通风间层的双层墙体。通风间层提供了对渗透水的压力补偿⊜，但应注意确保雨水能够自由排出。同时，建筑内部的水蒸气或保温层中的水分也可以被流动的空气带走；在夏季，间层的气流还可以带走外层立面散发的热量。

通风间层的厚度至少要达到20mm，且不能被其他构件（如窗户和基座）所阻挡。空气应从底部进入，并能在顶部边缘处排出。进气口

⊖　此处的密封是指使建筑具有的基本的气密性。——译者注
⊜　外部水分更容易进入空腔而不是墙体结构，因此，通风间层的存在减小了水分对结构的压力，避免结构构件受潮。——译者注

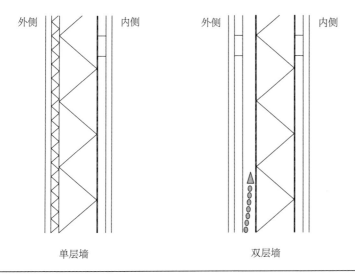

外侧　　　内侧　　　　　外侧　　　内侧

单层墙　　　　　　　　双层墙

图4-5　单层墙体结构和双层墙体结构

和出气口必须用防虫网覆盖。

　　密封材料（Windproofing material）应该设置在保温层的外侧，以
防止保温层冷却太快，同时阻止空气从保温层和木材之间的缝隙渗入
室内。

密封层

　　如果外饰面的构造中有开放式节点（参见"4.2.3　外饰面
层"），密封材料还必须保护保温层不受潮气的侵袭。为了保证水汽
可以从内向外排出，密封材料必须允许水汽单向扩散。对于承重构件
在外面有加固板的构造做法，如果交接处做了企口，那么木材产品加
固板就可以承担密封层的功能。否则需要使用薄膜或额外的板材。

　　木结构建筑之所以受到建筑师和客户的欢迎，原因之一是木材比
砖石更能满足人们对保温隔热性能的要求和日益增长的节能需求。
12~16cm厚的木材加上保温填充物，已经具有良好的保温性能，不过
人们通常还是会在内部或外部增添额外的保温层。

保温/承重结构

　　几乎所有能买到的保温材料都可以用于木结构建筑。然而，发泡
聚苯乙烯（EPS）和挤塑聚苯乙烯（XPS）以及所有硬质泡沫塑料板都
存在一个问题：不能很好地适应木材的胀缩，相比之下，易压缩的保

温纤维板是更好的选择。

使用由再生纸制成的纤维素进行松散填充是另一种常见的保温解决方案。再生纸制成的纤维素填充保温层的制作工艺是吹入式的，只能在封闭的空腔中使用，这使得这种纤维素特别适配木框架体系。纤维素保温材料必须做好防潮，否则墙体会因为体积的大幅增加而变形，进而造成难以修复的结构破坏。这种保温构造还需要用到硼化物进行防腐和阻燃处理。

隔汽性/气密性　　　"2.3　木材保护"一节详细说明了木材必须防潮，不仅要隔绝外部渗入的湿气，也要妥善处理建筑内部的水蒸气。水蒸气常常以冷凝水的形式在结构中积累。

水分可以通过水蒸气扩散或内部空气对流渗透到建筑的各个部分。因此，隔汽性是木结构构造的关键。关于防潮层和气密性的标准是为了防止冷凝水聚集、水汽渗漏、漏风等情况造成保温层性能降低。

防潮要点对于单、双层墙体都适用。围护结构需要一定的气密性和尽可能少的渗透。防潮层和气密性功能通常结合在同一个构造层中，置于保温层内侧。

水蒸气扩散阻力　　　原则上，外墙应该防止水蒸气扩散到墙体的构造层中，且已经渗入的水蒸气也应该能排出。因此，在安装墙体时，应注意让水蒸气的

> ■ **小贴士**：承重结构和保温层之间的缝隙可以通过在内侧或者外侧添加额外的保温材料（需延伸至隔墙处）来弥合⊖。这种情况经常会采用低密度纤维板，因为它们具有相对较好的稳定性，经常用于需要增强气密性的部位；如果采用了加入了沥青的纤维板（即沥青木丝板），还能阻隔外部渗透进来的水汽（参见2.2.2　木基产品）。

⊖ 这里的意思是，如果采用了不太能适应木材涨缩的保温材料，就会导致承重结构与保温层之间产生缝隙，因此需要做额外的保温构造来解决这个问题。——译者注

扩散阻力（S_d）由内向外递减。

不同的S_d值代表：

易渗	$S_d < 2$ m
减渗	$S_d = 2 \sim 1500$ m
阻渗	$S_d \geqslant 1500$ m

隔汽层（vapour retarder）○对双层墙体来说已经足够。隔汽层由特殊的纸或薄膜制成，确保建筑内产生的水蒸气可以扩散到外面，经通风间层排出。

没有通风间层的单层墙体需要在内部安装防潮层。这是为了防止水蒸气由内向外扩散（水蒸气会扩散到墙体内部使木材受潮）。防潮层由塑料膜或金属箔制成。

4.2.3　外饰面层

木制外饰面可以为承重的木结构遮风挡雨。但在美国等许多国家，用其他材料如金属或石膏作立面材料也并不罕见。仅从结构方面来说，将具有相同特性的材料结合使用是合情合理的，尤其是对于木头这种会膨胀和收缩的生物质材料。设计也因木材富有表现力的质感和肌理而充满可能性。

○ 注：S_d值是材料的厚度（S）和其单位厚度水蒸气扩散阻力（m）的乘积，代表与某构件具有相同阻隔水蒸气渗透能力的空气层的厚度，以m为单位。一个构造层的S_d值越大，它阻隔水蒸气扩散的效果就越好。

○ 英语中，"vapour retarder"和"vapour barrier"经常混用，此处上下文显示作者认为二者性能上存在区分，因此译者将"vapour retarder"译为"隔汽层"以和"vapour barrier""防潮层"进行区分。实际上在汉语里，"隔汽层"和"防潮层"基本可以认为是同义的。——译者注

外饰面层有无数的设计可能性，你需要选择面层类型、单元尺寸
和方向、木材的类型、表面处理工艺和光泽等要素。

次级结构　　作为次级结构的龙骨是隐藏的，但仍是外饰面层的重要组成部
分。次级结构的类型取决于面层是否需要通风，以及它的方向是水平
的还是竖直的。龙骨与承重结构相连，其间距应根据立面单元的厚度
确定。同理，若先确定了龙骨的间距，也可据此推算出立面单元的厚
度（表4-1）。

按照交叉安装的原则，竖向的立面单元应安装在水平龙骨上。这
种情况下，为了保证从下到上不间断的空气流通（可能会被水平龙骨
阻碍），应在水平龙骨后安装竖直方向的龙骨，或者选用专门的通风
龙骨（ventilation battens）[⊖]。同理，横向的立面单元应安装在竖向的
龙骨上。

固定　　螺钉（screws）、钉子（nails）或角铁（brackets）可以用来固定
木板，不过钉子有损坏外饰面层和龙骨的风险。螺钉则相对更安全可
控（图4-6）。

并非所有情况都需要防锈材料，但通常使用不锈钢或镀锌金属件
来防锈。对木材进行固定时应确保其能自由胀缩。如果外饰面板有重
叠的情况（例如下文会详述的交叠式立面（board-and-batten）或搭接
式节点的设计），则钉子或螺钉只需穿过其中一块板。收边条应固定
在其中一块板上，或嵌在连接处。安装时应注意钉子或螺钉不应该从
构件端部的横纹面钉入（否则会造成构件的开裂）。

> ○ **注：** 木材作为外饰面层的特性和效果在
> Birkhäuser出版社出版的，Manfred Hegger、Hans
> Drexler 和 Martin Zeumer撰写的《材料基础》
> （*Basics Materials*）一书中有更详细的叙述。

⊖　"ventilation battens"应该是内部有空腔的龙骨产品，中国非常少见，目前也
没有对应的词汇，此处采取直译。——译者注

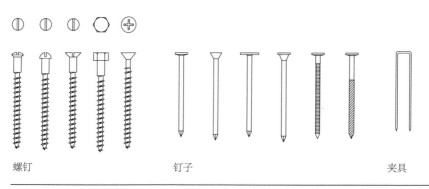

| 螺钉 | 钉子 | 夹具 |

图4-6 螺钉、钉子和夹具

表4-1 龙骨间距

板厚 /mm	龙骨间距 /mm
18	400~500
22	550~800
24	600~900
28	800~1050

按构造方式分，由竖向单元组成的外饰面有以下几种[一]（图4-7）：

— 交叠式外饰面（Board-and-batten cladding）

— 盖板式外饰面（Coverstrip cladding）

— 外龙骨式外饰面（Lidded cladding）

— 企口式外饰面（Matchboard cladding）

■ 小贴士：在交叠式外饰面中，可以只用水平龙骨作为支撑结构。由于盖板和内板之间的竖直空腔起到了通风的作用，因此不需要再额外设置竖向的龙骨（图4-8）。

⊖ 本章所描述的外饰面做法在中文里并无统一的名称，各地叫法可能存在较大差别。建议读者参照配图理解构造，在检索英文资料时以括号中的英文作为检索关键词。——译者注

图4-8 由竖向单元组成的外饰面的四种做法（照片）
从左到右依次是：外龙骨式—盖板式—（竖向）木条式[○]—企口式

交叠式外饰面

在交叠式外饰面中，盖板和底板的重叠部分约为20mm。因此，当使用相同宽度的木板时，视觉上会形成宽窄交替的韵律。这种构造和盖板式外饰面的构造都有一个特点：表面凹凸变化比较明显。

■

盖板式外饰面

在盖板式外饰面中，竖直面板之间应留有约10mm的缝隙，上面覆以收口条以防止冷凝水的渗透（图4-7、图4-8）。

外龙骨式外饰面

在外龙骨式外饰面中，收口位置藏在内侧，同盖板式外饰面一样，表面相对光滑平整。

企口式外饰面

在企口式外饰面中，木板之间通过企口拼接（joined by rebating）或者榫槽连接（tongue-and-groove joints）。这意味着固定木板的钉子或金属夹件可以隐藏起来。木板相互连接处必须留有适当的活动空间。开放的角部需要额外的木板或木条来包边。在其他外饰面构造

○   中，角部由双层木板或木条封闭（图4-7）。

按构造方式分，由水平单元组成的外饰面有以下两种（图4-9）：

— 搭接式外饰面（Lap-joint cladding）

■ **小贴士**：在交叠式外饰面中，木板靠近髓心的一侧（参见2.1.2 木材含水率）应朝外放置，这样当木板在干燥过程中发生弯曲变形时，盖板和底板之间的空隙就会封闭。

○ **注**：外饰面单元之间的缝隙如果是封闭的，这种饰面就称为封闭式饰面层，反之则称为开放式的饰面层，其密封层必须采取防潮措施，以防止水汽渗入保温层。

○ （竖向）木条式在文中并未提及。——译者注

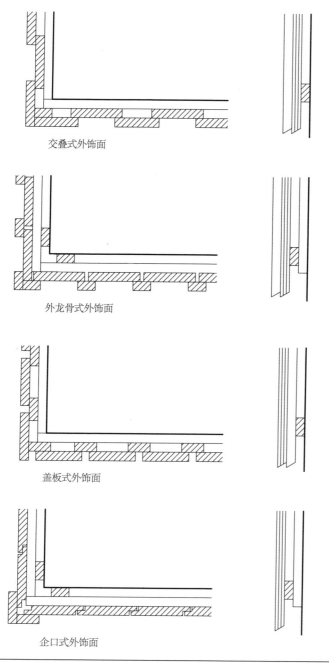

交叠式外饰面

外龙骨式外饰面

盖板式外饰面

企口式外饰面

图4-7　由竖向单元组成的外饰面的四种做法（平面图和剖面图）

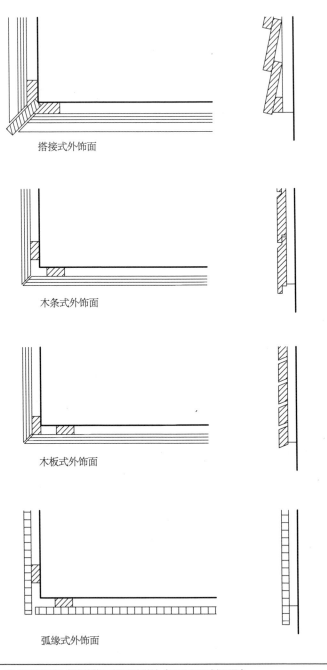

搭接式外饰面

木条式外饰面

木板式外饰面

弧缘式外饰面

图4-9　由水平单元组成的外饰面的四种做法（平面图和剖面图）

图4-10 由水平单元组成的外饰面的四种做法（照片）
从左向右依次是：搭接式、弧缘式、木瓦式、木条式

— 弧缘式外饰面（Shiplap cladding）

某些情况下会出现以下三种：

— 木瓦式外饰面（Timber shingle cladding）
— 木条式外饰面（Strip cladding）
— 木板式外饰面（Panel cladding）

搭接式外饰面相邻两块板重叠的部分应占板宽的12%，且≥10mm。饰面板交接处可以做出企口，但不太常见。　搭接式外饰面

在搭接式外饰面和交叠式外饰面这两种做法中，只要设计好构件和重叠处的尺寸，就可以营造一种均匀的立面视觉效果，即便在门窗洞口处也不失其秩序感。

在搭接式外饰面中，木板的倾角在转角处会产生交接问题。通常解决方法是在转角处增加一块垂直的木板来收边（图4-9）。

相比之下，弧缘式外饰面的单元之间可以很容易做出企口缝，且隐蔽固定也比较方便。和前面提过的和竖向单元组成的企口式外饰面一样，单元之间的连接可以通过采用特殊的金属夹件，也可以通过在企口钉上钉子或螺钉进行连接（图4-9、图4-10）。　弧缘式外饰面

> ■ **小贴士：**在木结构保护方面（参见"2.3 木材保护"），饰面层采用水平单元比竖直单元更具优势，前者可以方便地更换底部损坏的木板。在基座高度不足和墙体底部外露的情况下这个特点尤为关键。

　　木瓦式外饰面采用小规格的木瓦片，它们像鱼鳞一样排布，被钉子或螺钉固定在下一块木瓦片上（图4-10，右2）。木瓦式外饰面采用的木瓦片规格一般为宽50~350mm、长120~800mm，意味着它更容易贴合曲面或者在曲面和直面之间做出柔和的过渡。市场上的木瓦片有锯开的和手劈的两种类型。手劈的木瓦片寿命更长，因为细胞结构不会在劈开的过程中被破坏。木瓦片之间应留有1~5mm缝隙来消纳木材的胀缩。木瓦式外饰面通常会铺两到三层木瓦片。落叶松类的木材十分适合用于制作木瓦片。如果屋顶的坡度较大（例如30°~40°），木瓦片也可以用来铺设屋顶面层。

　　木条式外饰面是开放式的立面做法，它的缝隙没有被覆盖（图4-9、图4-10）。设置通风间层可以将渗入立面的水分排出，因此尤为重要。保护保温层的密封层也必须兼做防潮层。为了保护结构木材，可将木条上边缘加工成斜面以防止雨水进入。如果将木条竖直就不需要做斜切处理了。

　　使用木板式外饰面时，必须注意根据气候条件选择适合的胶合工艺等级的材料（参见"2.2.2　木基产品"）。以下几种木材产品都适用于外饰面层：

— 薄胶合板（Veneered plywood）
— 由针叶木材制作的三合板（Three-ply sheets of coniferous timber）
— 水泥刨花板（Cement-bound chipboard）

　　对于板材做的饰面层来说，板材的边缘处理是关键。一个可行的方案是在接缝处加一个盖板来保护脆弱的面板边缘。有的建筑师会特意使用与面板不同颜色的盖板来强调这种构造。

　　在木板上做出假缝（dummy joints）可以加强外饰面的平整感。假缝的构造要求面板必须间隔至少10mm，板材的边缘必须用防水涂料保护，以免受潮。

　　在水平接缝处，面板的底面应切出15°角，以便排水（方便水滴落），还应确保水不会积聚在面板的上边缘。此外，接缝处必须覆以盖板，最好应采用同样朝外倾斜15°角的金属件（图4-11）。

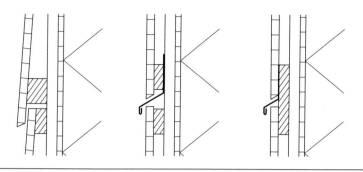

图4-11 外饰面水平单元的交接节点

面板通常用可见的不锈钢螺钉固定。要想实现隐形固定，则需要用特殊的次级结构来悬挂面板，这种产品可以在市面上找到。

如果木材在角部对接（图4-9），应注意让暴露在外的边缘避免直接遭受风雨侵蚀。　　　　　　　　　　　　　　　　　　　　○

4.2.4　表面处理

由于外饰面层既不承重也不需要保持尺寸的稳定，因此不需要用化学防腐剂处理（参见"2.3　木材保护"）。

要想避免木材受到雨水或紫外线辐射的侵袭，物理防护是不错的选择。可以选用有色透明或不透明的涂料来解决木材表面随着时间流逝变得灰暗的问题。

木材变灰暗只是颜色改变，材料本身并没有受损。一些建筑师　灰化
会在设计中利用这一变化。例如，MLTW事务所（Moore、Lyndon、Turnbull & Whitaker）在美国西海岸建造的海洋牧场，其木材表面如第66页的照片所示，几十年来由于紫外线和海洋的风化影响，木材上出现了深浅间错的颜色肌理，看起来与自然融为一体。在设计细部时，

○ **注**：由于木板对天气很敏感，建议采取预防性的木材保护措施——通过调整建筑物的朝向、设计较大的屋顶悬挑或连续的阳台等手段来减少天气对建筑外立面的影响。

应注意外墙的凹凸部分受到气候的影响并不相同，这可能会导致不理想的色彩效果。

用彩色涂料对木材进行表面处理也是一个选择。斯堪的纳维亚半岛的木结构建筑就带有鲜艳的色彩，展示了这种处理方式的效果。 彩色涂料

有色透明或不透明涂料都适用于木材的着色。通常情况下，喷涂包括底层、中间层和外层，各层采用的产品必须相互兼容。 ■

4.2.5　内饰面层和设备安装

内饰面层可以再做一个"龙骨+面层"的构造，也可以直接使用单层板材（例如胶合板等木材产品）。外墙的隔声性能可以通过安装一层或两层石膏板来改善，由于总密度较高，这种做法也叫作干法墙。

内饰面层可直接贴着承重结构安装，也可以固定在龙骨上（采用龙骨做法，在施工的时候更容易对构件进行定位）。对于木质饰面层而言，采用龙骨还可以做出通风间层。

在外墙安装设备管线通常会给木结构建筑带来隐患。从科学的角度来说，建筑的外围护结构应该是封闭的（具有气密性和抗蒸汽渗透阻力），所有的水管、暖气和电气设备最好远离外墙、在内墙安装。但实际上，在外墙安装管道几乎是不可能避免的。所以这些设备管道通常安装在防潮层以内（靠近室内一侧）的独立管道空间里。把木龙骨尺寸增加4~6cm便可为管道创造空间。这个空间可视作一个附加的保温层。浴室和接触水较多的潮湿房间需要设计专门的设备管井（Services layer）（图4-12）。 设备管井

■ **小贴士**：板材应该先进行涂料处理再安装，以便在木材收缩时不会露出未上涂料的区域。至少应在板材两面都涂上底漆，以防止木板弯曲（参见"2.1　木材"）。

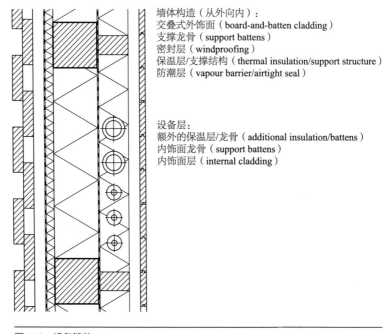

墙体构造（从外向内）：
交叠式外饰面（board-and-batten cladding）
支撑龙骨（support battens）
密封层（windproofing）
保温层/支撑结构（thermal insulation/support structure）
防潮层（vapour barrier/airtight seal）

设备层：
额外的保温层/龙骨（additional insulation/battens）
内饰面龙骨（support battens）
内饰面层（internal cladding）

图4-12 设备管井

4.2.6 洞口

墙体的各个构造层（包括防护层、保温层、防潮层和保证气密性的材料）与门窗洞口的交接关系需谨慎处理，以防围护结构的功能打折甚至失效。木饰面层和门窗洞口的交接也需要仔细设计。

图4-13左侧所示为搭接式外饰面上的窗户的剖面图。一个环绕洞口四边的窗套与窗框牢牢连接。窗套的上下板都有一定的坡度，以便雨水流走。

通风　　　在与窗户连接的地方，也要确保墙体的木质内饰面层的通风。空气必须能够从窗楣处进入并从窗台处排出，且出入口处必须安装防虫网。

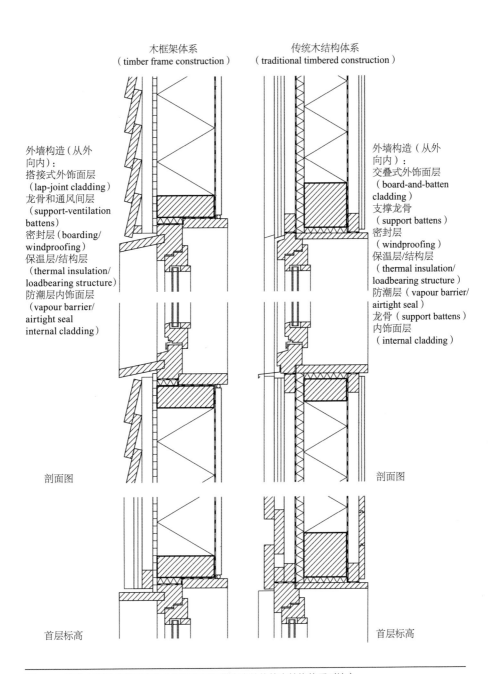

外墙构造（从外
向内）：
搭接式外饰面层
（lap-joint cladding）
龙骨和通风间层
（support-ventilation
battens）
密封层（boarding/
windproofing）
保温层/结构层
（thermal insulation/
loadbearing structure）
防潮层内饰面层
（vapour barrier/
airtight seal
internal cladding）

外墙构造（从外
向内）：
交叠式外饰面层
（board-and-batten
cladding）
支撑龙骨
（support battens）
密封层
（windproofing）
保温层/结构层
（thermal insulation/
loadbearing structure）
防潮层（vapour barrier/
airtight seal）
龙骨（support battens）
内饰面层
（internal cladding）

剖面图

剖面图

首层标高

首层标高

图4-13　墙身大样图（带窗户的木框架体系与带窗户的传统木结构体系对比）

在墙体与窗户的交接处内部，窗框及其支撑结构之间的缝隙也必须安装一圈连续的盖板。

防潮层　　防潮层必须直接连接到窗框上，连接方法与密封层相同，窗框和支撑结构之间的缝隙要用保温材料填充。

图4-13右侧所示为传统木结构体系的墙身大样图，窗户周围不需要做连续的外框，边界可以与外饰面平齐。外饰面层和窗户之间的竖向缝隙用盖板掩盖。

密封层　　密封层（wind sealing）借助龙骨固定，牢牢附在窗框上。窗楣处必须留有企口，以便连接竖向的外饰面单元。

在室内一侧，窗套（window reveal）包裹在窗框内，防潮层和内饰面层与窗框直接相连。凸窗则通过镀锌钢架连接到承重结构上。

4.3　内墙

4.3.1　结构

承重墙　　对于内墙来说，承重墙和非承重墙是最基本的分类。

非承重墙　　承重墙承担其自身及楼板或屋顶的负荷。加固墙也被归类为承重墙。它们是整个建筑承重系统的一部分，和外墙一样，必须作为刚性墙板建造（需用到肋板或斜撑，参见"3.1.1　承重结构"）。非承重墙的主要功能是划分空间。

通常情况下，内墙与外墙是采用同样的建构体系、遵循同一个建筑网格来建造的。龙骨和墙同高，并与顶梁和底梁相连。对于承重墙而言，框架顶梁支撑着楼板的肋梁。楼板肋梁之间的空间处理与内墙龙骨间的处理方法相近。

与外墙不同，内墙的主要功能是隔绝噪声和火灾。对于用建筑内部采暖空间分割的墙体来说，保温层并不是主要因素，因此内墙的厚度也不必考虑这一层次。

噪声保护　　墙体的隔声性能主要由其单位面积的质量决定。内墙的隔声性能随着木板厚度的增加而提高。应尽可能选用高密度的板材，如石膏板或刨花板。

中空降噪墙（Cavity damping）的内部空腔中填充了矿物或椰子纤维，具有很好的隔声效果。填充物厚度占墙厚的二分之一到三分之二足矣，剩余的空间可敷设管线。内墙在施工过程中，其中一侧会始终保持开放的状态，直到设备安装完毕（通常是施工的最后阶段）。因此，如果使用纤维素作为填充材料，需在封闭墙内的空腔后再把纤维素灌入。如果需要特别高的隔声性能，可以采用双层墙，一侧的墙是铰接的，以防声音从空间的一侧传到另一侧。

4.3.2 固定

将内墙固定在外墙上时，必须特别小心。外墙和内墙都应该进行非刚性连接（be anchored non-positively,），并且需在室内墙角处为内墙面层的安装预留足够的空间。

在木结构建筑中，墙体通常独立于结构网格且完全由房间功能划分决定。外墙内会设置两根额外的构造柱，以实现外墙之间的非刚性连接，同时可以起到固定内饰面层的作用（图3-15、图4-14）。

在传统的木结构建筑中，内墙的分布与承重柱的结构网格相匹配，因此墙体的连接点通常位于结构柱的轴线上。柱子两侧都有加固用的构造柱，内饰面层就固定在构造柱上（图4-15）。

○ 注：在潮湿的空间里，必须使用特殊的胶合板或经过浸渍处理的墙板，在德国，这类板材带有绿色标志。石膏纤维板也可以用在潮湿处，无须特殊处理。如果龙骨的间距超过42cm，则需要两层墙板来支撑瓷砖贴片。

在原木结构中，内墙和外墙之间的连接与外墙墙角处的连接类似，都采用了T形半榫（overlap joint）进行搭接。榫舌为齿形或燕尾形，具有一定的抗拉性（参见"3.2.1　原木体系"）。燕尾榫端部的横纹面暴露在外，是原木构造的显著特征（图4-16）。

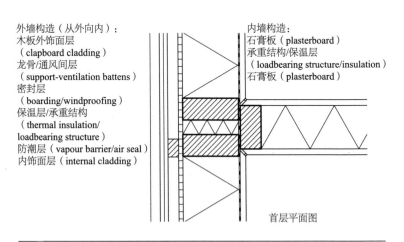

外墙构造（从外向内）:
木板外饰面层
（clapboard cladding）
龙骨/通风间层
（support-ventilation battens）
密封层
（boarding/windproofing）
保温层/承重结构
（thermal insulation/
loadbearing structure）
防潮层（vapour barrier/air seal）
内饰面层（internal cladding）

内墙构造:
石膏板（plasterboard）
承重结构/保温层
（loadbearing structure/insulation）
石膏板（plasterboard）

首层平面图

图4-14　木框架体系中内墙与外墙的连接节点（平面图）

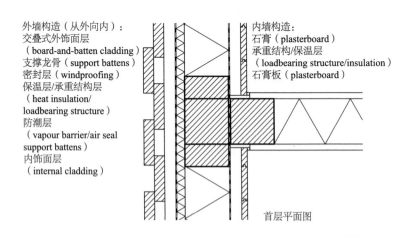

外墙构造（从外向内）:
交叠式外饰面层
（board-and-batten cladding）
支撑龙骨（support battens）
密封层（windproofing）
保温层/承重结构层
（heat insulation/
loadbearing structure）
防潮层
（vapour barrier/air seal
support battens）
内饰面层
（internal cladding）

内墙构造:
石膏（plasterboard）
承重结构/保温层
（loadbearing structure/insulation）
石膏板（plasterboard）

首层平面图

图4-15　传统木结构体系中内墙与外墙的连接节点（平面图）

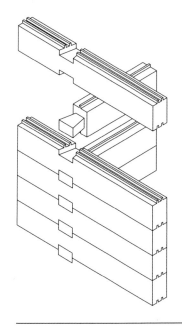

图4-16 原木体系中内墙与外墙的连接节点(轴测图)

4.4 楼板

木质楼板可以使用肋梁或实心板建造。肋梁式楼板在传统的木板建筑中往往占主导地位,因为比较节省材料。近年来,采用预制实心板建造楼板的做法更加普及了,因为它们安装起来更快。

4.4.1 肋梁楼板

隔声是建造肋梁楼板时需要考虑的重点。首先,要区分结构传声、空气传声和撞击声。在地板上行走是产生撞击声(impact sound)的其中一种方式。通过空气传播的声音包括人声和电视机等设备发出的声音。

隔声

4.4.2 结构

在传声方面,单层、双层和三层的楼板是有区别的。

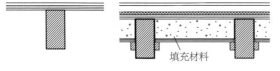
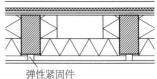

填充材料

弹性紧固件

单层楼板

双层楼板

三层楼板

楼板构造（从上到下）：
地板饰面层/完成层
（floor covering/
use surface）
顶棚面层
（ceiling cladding）
楼板梁（ceiling beams）

楼板构造（从上到下）：
地板饰面层/完成层
（floor covering/use surface）
找平层（screed）
撞击声隔声层
（impact sound insulation）
顶棚面层（ceiling cladding）
填充层 [insert（filling）]
防渗膜（trickle protection film）
顶棚肋梁（ceiling joists）
固定在肋梁上的吊顶饰面层
[internal cladding（on battens）]

楼板构造（从上到下）：
地板饰面层/完成层
（floor covering/use surface）
找平层（screed）
撞击声隔声层（impact sound insulation）
顶棚面层（ceiling cladding）
空腔（cavity insulation）
楼板梁（floor beams）
龙骨 [support battens（sprung）]
吊顶饰面层（internal cladding）

图4-17　单层楼板、双层楼板和三层楼板

撞击声　　　　在单层结构中，人与楼板最上层和支撑结构是直接接触的关系，
因此，当人踩踏地板时，声音会毫无障碍地传播。

　　　　在双层结构中，楼板面层和支撑结构之间有隔绝撞击声的隔声
层。楼板面层由独立的找平层支撑。在木结构体系中，找平层一般
○　　采用干性的材料（例如双层石膏纤维板或刨花板）（参见图4-17、
图4-19，以及"2.2.2　木基产品"）。

空气传声　　　　三层楼板可满足较高的隔声需求（例如将卧室与特别嘈杂的区域
分隔开）。在三层楼板中，下层吊顶用弹性紧固件（有弹性的金属
条）悬挂在肋梁下部，这就阻止了由结构振动产生的声音传播。

> ○ 注：如果楼板面层与墙体不接触，则称之为架
> 空结构（floating structure）。对于这种结构，应
> 保证楼板在结构边缘处不传声给墙体，因此需要
> 在楼板外围设置隔声条，同时还需平铺一层针对
> 撞击声的隔声材料（图4-20）。

隔声的首要措施是增加材料的密度。在楼板的构造中，高密度的材料要么放在顶部，要么放置在肋梁之间。

填充材料可以采用一种特质的干砂（Specially dried sand）（图4-17）。建造楼板时将其从上方填充入顶棚饰面层与肋梁围合出的空间中。这使得肋梁露出的部分减少。此外干砂填充层下面还需要一层隔板，以确保干砂不会在楼板振动时从缝隙处漏下。

另一种增加楼板面层质量的方法是在顶棚上胶接一层其他材料，例如混凝土路面板（concrete paving stones），在此基础上再铺设其他楼板构造层：隔声层、找平层和（上层地面的）饰面层等。

4.4.3 肋梁

计划使用木肋梁楼板时，肋梁应尽量采取与房间短边平行的方向。实木肋梁的最大跨度约为5m。多跨结构支撑的肋梁比单跨支撑的肋梁更经济。

木肋梁的承重能力主要取决于其高度而非宽度。因此，木肋梁是竖向安装的，这样可以相对利用率更高地使用木材的截面。通常情况下，木肋梁的高宽比为2∶1，甚至更大。常见木方的最大高度区间为240~280mm。

TJI肋梁是一种高性能且价格合理的产品构件，名字来自于制造商Truss Joint MacMillan Idaho，常用于美国的木结构建筑中。TJI肋梁的截面是"工"字形，上下翼板由实木（solid wood）或薄胶合板（veneer plywood）做成，腹板材料是OSB（参见"2.2.2　木基产品"）。TJI肋梁具有超高的承重能力，同时非常轻盈。由于其通常较高，在TJI肋梁间布置管线设备是相对容易的（这一点也是工厂在设计

（右侧边栏）
填充物

间距

尺寸估算

〇

TJI肋梁

〇 **注：** *以下是木肋梁楼板结构中肋梁高度的粗略估算方法：*

肋梁高度h=跨度/20
超出常规高度的梁可以采用层压胶合木等工程木产品。

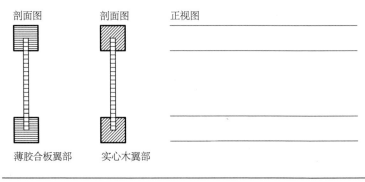

剖面图　　　　剖面图　　　　正视图

薄胶合板翼部　　实心木翼部

图4-18　TJI肋梁

时特地考虑的）。TJI肋梁式楼板通常在肋梁底部覆以饰面层（以遮盖肋梁）（图4-18）。

肋梁间距　　　　肋梁的间距通常为60~70cm。但在木结构建筑中，将肋梁间距与建筑网格匹配是非常合理的。如此，楼板的荷载就可以直接传导到承重柱上。

　　　　在大多数逐层建造的木结构体系中，肋梁由墙体支撑。支撑肋梁的墙体宽度可以用以下公式粗略估算：

$$支撑肋梁的墙体宽度=肋梁高度 \times 0.7$$

洞口边梁　　　　有时候楼板会被设备管井、烟囱或楼梯井道穿过，这就需要将局部的肋梁截断，木屋顶的椽子也存在被竖井打断的情况。井道洞口的边梁应与其他肋梁高度平齐，并通过榫卯连接在一起，连接处通常用金属夹具固定。出于防火的考量，洞口和木肋梁之间的距离必须至少达到5cm。

4.4.4　楼板支座

　　　　作为木结构建筑的一个典型细部（图4-20），环绕四周的边梁构成了楼板肋梁的固定框架，防止这些细长的肋梁产生侧弯。同时，作为既受压也受拉的构件，边梁在整个系统中起到类似圈梁的作用。

　　　　为了楼板整体在静力学性能上具有更强的整体性，肋梁间还需要

图4-19 楼板系统
从左到右依次是：肋梁楼板的外观、肋梁与墙体骨架连接处、TJI肋梁构件

做次级的加固板，可以使用胶合板（plywood）等材料。安装的时候要注意上下错位，这样整个楼板就获得了类似砌体结构的整体性。

贯穿外墙的连续防潮层造成了一个特定的问题。为了防止防潮层在支座的位置被打断，应让防潮层在跨越楼层时绕过楼板边缘，相邻楼层的防潮层应形成一个连续的整体，不能断开。注意保温层在支座处也不能被打断或削弱，以确保冷凝水不在墙内或在楼板支座上积聚（参见"4.2.2　建造科学"）。

防潮层

图4-21所示为传统木结构体系中悬挂在墙壁之间的肋梁细部。肋梁需要通过钢构件连接到墙体上。可从市面上各种尺寸的连接件中进行挑选，以满足特定项目的力学要求。

肋梁连接件（插接件或托挂件）

○

○ **注**：如果楼板底部有吊顶层，可以采用托挂件（hanger）；如果肋梁是外露的，最好采用隐形的插接件（support），可将其插入肋梁端部的槽口，通过销钉与肋梁连接并把肋梁固定到墙上（参见图3-20，以及图4-19中间的照片）。

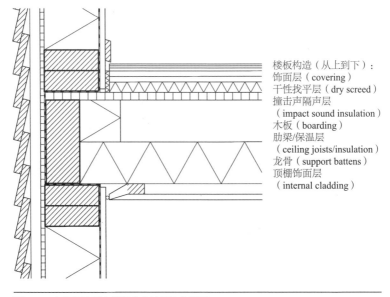

楼板构造（从上到下）：
饰面层（covering）
干性找平层（dry screed）
撞击声隔声层
（impact sound insulation）
木板（boarding）
肋梁/保温层
（ceiling joists/insulation）
龙骨（support battens）
顶棚饰面层
（internal cladding）

图4-20　木框架体系中楼板支座处的墙身详图

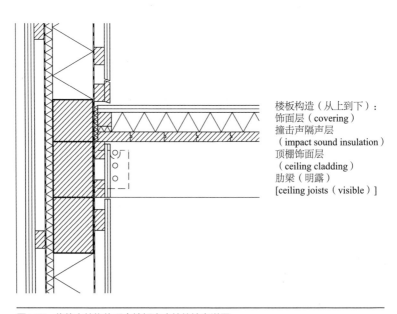

楼板构造（从上到下）：
饰面层（covering）
撞击声隔声层
（impact sound insulation）
顶棚饰面层
（ceiling cladding）
肋梁（明露）
[ceiling joists（visible）]

图4-21　传统木结构体系中楼板支座处的墙身详图

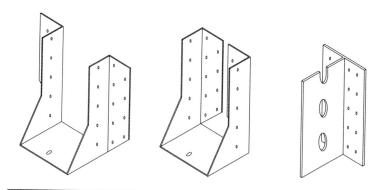

图4-22　肋梁的连接件（托挂件与插接件）

墙体中，与肋梁同高的木枋或者木梁可与肋梁对接。此时墙体的防潮层可以沿着同一个竖直平面布置，但必须与前述的肋梁连接件（可以是托挂件也可以是插接件）相连，这样才能保证结构的防潮性能。在图4-22所示的细部中，由于肋梁是外露的，所以采用了插接件（以隐藏连接件，显得更美观）。

如果肋梁不是像图4-21中所示的那样悬挂在两面墙之间，而是搭在墙的顶部，那么可以增加外墙厚度，使其向室内延伸以保证有足够的宽度放置肋梁，增厚的部分可以用作设备管井或者额外的保温层（图4-12）。

内支座

4.4.5　实心楼板

木结构建筑从原木体系到木骨架体系，一大发展趋势是木材的用量在不断减少。但这一趋势最近被颠覆了（参见"3.2.5　木墙板体系"）。随着技术的迭代，木材的用量在增加。将实心板用于建筑中间层的楼板有不少优势。

例如：

— 装配时间更短

— 制作简单（通常是工业化生产）

— 横截面更薄

— 可增强楼板的保温性能和隔声性能

同时，楼板平整的下缘也更容易与墙体连接。

实心楼板顶部的构造与肋梁式楼板区别不大。不同点在于，后者的肋梁之间用来改善保温和隔声的构造在实心楼板体系中是不必要的。

箱形梁　　采用实心木构件进行建造的时候，常用到的构件还包括在工厂预制的箱形梁（由木板加工而成），将箱形梁组装成楼板的工序则在工地完成。出厂的箱形梁产品两端带有榫卯接口（可以拼接延长），特别适用于大跨度建筑。

工业化生产为建筑的精度和质量提供了保障。箱形梁单元的标准宽度为195mm，标准长度为12m。根据不同的跨度，箱形梁高度为120~280mm不等（以20mm为产品模数）。

表4-2中的标准值适用于3 kN/m^{2}的荷载。

表4-2　箱形梁的对应跨度与构件高度

跨度 /m	构件高度 /mm
3.8	120
4.5	140
5.2	200

边缘胶合　　边缘胶合构件（Edge-glued elements）是用树干上的边角料和不适用于梁或木方的木料做成的。这些木料通过长边贴着长边并列在一起，无须胶合，而是由钉子侧向连接形成一个单元。再把这些单元进行胶合拼接，就可以组成楼板或墙体。相邻单元钉接节点的位置应该上下错开。每个单元都有特殊的榫口（special rebates），以此将它们连接固定成一个整体（图4-23）。

边缘胶合构件不能受潮，特别是在建造过程中，有水分渗入的构件会产生一定程度的膨胀，导致其无法和其他构件精准地连接。

制造商提供的标准尺寸为：厚度100~220mm，宽度最大为2500mm，长度最大为17m。

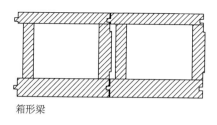

箱形梁

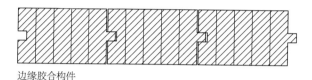

边缘胶合构件

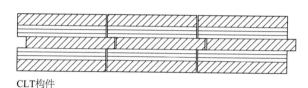

CLT构件

图4-23　箱形梁、边缘胶合构件、CLT构件

表4-3中的标准值适用于3 kN/m²的荷载。

表4-3　边缘胶合构件的对应跨度与构件高度

跨度 /m	构件高度 /mm
3.6	100
4.3	120
5.0	140

CLT由多层17mm或27mm厚的软木板交叠层压胶合而成。相邻层
的纹理方向不同，这使得CLT构件具有很好的稳定性，因此适用于墙
体。饰面层则可选用其他木材产品，以改善其表面性能。

正交胶合木
CLT

根据面层和内部层数量的不同，CLT板材的厚度在51~297mm之
间，宽度最大为4.8m。为满足某些特定需求，CLT板材的长度最大可
做到20m。CLT板材建造的单面墙体可以达到四层楼高。

表4-4中给出的数值最多可以承载3kN/m²的荷载。

表4-4　CLT构件的对应跨度与构件高度

跨度 /m	构件高度 /mm
3.8	115
4.6	142
6.4	189

以上描述的三种实心楼板材料也可以用于实心板墙结构，加工方法和原则是类似的，也就是前文提到过的实心板体系（solid panel construction）。此外，市面上新产品的数量还在不断增加（参见"3.2.6　实心板体系"）。

4.5　屋顶

大多数砖石建筑都或多或少含有一部分木结构。通常，坡屋顶砖石建筑会采用木梁架（尤其是独栋住宅的坡屋顶）。砖石建筑上的木屋架代表一种混合了两种建筑体系的做法，木屋架是轻质建筑体系，砖石结构是砌体建筑体系，前者是干法施工，后者是大量使用砂浆的湿法施工。

4.5.1　坡屋顶

在木结构中，坡屋顶跟墙体的建造原则是一致的。

构造层　坡屋顶的构造，从外到内，首先是带次级龙骨结构的耐候保护层，其次是密封/防风层、保温层、防潮层，然后是内饰面，与墙体构造基本相同。但最重要的是在屋顶和墙体交接的地方处理好各构造

> ○ **注**：请读者再次参考Ann-Christin Siegemund所著的《屋顶建筑基础》（*Basics Roof Construction*）一书，书中对下面的术语进行了详细的解释。

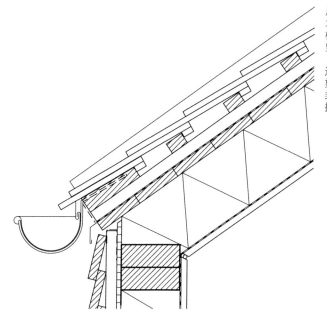

屋顶构造（从上到下）：
木瓦（shingle tiles）
横向龙骨（cross battens）
竖向龙骨/保温层
（counter battens/insulation）
透汽的密封层（diffusible seal）
望板（roof battens）
封檐板（weatherboard）
排水边沟（verge gutter）

图4-24　檐口大样图（屋顶不出挑的情况）（横剖）

层的连接，确保围护结构没有中断或薄弱点、形成一个连贯完整的外
壳，以保障建筑的正常运作。

屋顶的自重加上冬季的雪荷载需转移给外墙分担。同时，屋顶要
锚定在外墙上以便应对风荷载（屋顶特别容易受到风的影响）。除了
这些技术要点外，还有设计本身的需求。建筑物的屋檐和轮廓决定了
它给人的视觉印象。对于屋顶的设计而言，决策要点之一在于让屋顶
延伸出墙面之外还是与墙面平齐。

固定

图4-24中的剖面详图展示了屋顶与墙体之间过渡的一个相对简单
的解决方案，所有的构造层都毫无障碍地合为一体。两部分的内饰面
在交接处断开，用黏合剂嵌缝。但如果黏合剂颜色与墙体基本一致，
这个缝隙在室内几乎不会被注意到。

建造科学

在屋檐和山墙边缘铺设的卷材让围护结构得以封闭，保证了其气
密性和防水、隔汽性能。承重墙龙骨间的保温层和屋顶椽子间的保温

层直接相连。纵墙与山墙的顶梁共同构成了屋顶的边界。

支座

○

木结构建筑的屋檐处不需要砖石结构所采用的檩条，因为椽子可以直接放置在木墙体之上。需注意用保温材料将山墙和最外侧的椽子之间的缝隙嵌实，以避免产生热桥。

外表皮

屋顶的所有椽子及其间铺设的保温材料用一层望板○和再加一层屋面板包裹起来，屋面板需能让水汽排出，以防止水汽在屋顶内部滞留（水蒸气的扩散阻力S_d<2m）。在墙体中，则是由起加固作用的胶合板（plywood）对保温层进行围合和保护。

屋顶和墙体的通风都发生在外饰面层背后的通风间层中（air space）。每个通风间层中都是独立的空腔，空气的流入和流出互不干扰。

屋顶边缘

如果屋檐不出挑，建筑体量本身给人的印象会更强烈。墙体和屋顶对建筑外观效果的影响是同等重要的。如果墙面板和屋顶瓦有着统一的尺寸模数，这种韵律感会使人对建筑的印象更为深刻。

山墙的边缘暴露在风中，需要安装封檐板（weatherboard）来进行保护。由于木材端部的横纹面最好不要打入螺钉，所以封檐板是用镀锌钢板件固定在屋面层上的。屋面层和封檐板之间的雨水会汇流到金属槽中，而后被引至屋顶的排水沟。

屋檐出挑

如果屋檐出挑，与建筑主体在视觉上清晰地分离，会给人截然不同的印象。若屋顶和墙体使用不同的表面材质，则更能强调两个部分的独立性。

○ **注：** 与建筑中的所有其他墙体不同，山墙的顶梁不是水平的，而是顺着屋顶的角度形成三角形。在平面图中，山墙顶梁的被剖切的部分一般按照构件横截面的真实尺寸绘制（图4-25）。

○ 椽子之上、瓦片之下的板材层，在中国古建筑体系中被称作"望板"，这一词汇有时也被用在现代建筑工程之中。——译者注

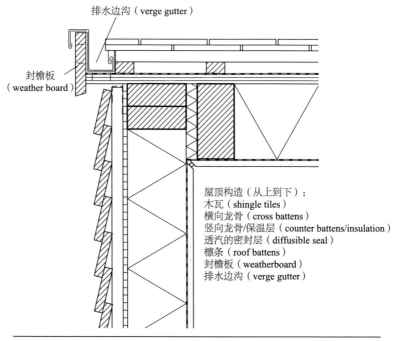

排水边沟（verge gutter）

封檐板
（weather board）

屋顶构造（从上到下）：
木瓦（shingle tiles）
横向龙骨（cross battens）
竖向龙骨/保温层（counter battens/insulation）
透汽的密封层（diffusible seal）
檩条（roof battens）
封檐板（weatherboard）
排水边沟（verge gutter）

图4-25　檐口大样图（屋顶不出挑的情况）（纵剖）

　　四面都出挑的屋顶可以保护墙体面层不被雨淋湿，从而起到保护木结构的作用。美中不足的是椽子需要穿出建筑的外墙。坡屋顶可以很好地保护椽子，尤其是它端部脆弱的横纹面。

墙体交接处　　为了避免交叠式墙体外饰面与椽子产生复杂的节点，通常，墙体饰面层的上边缘会结束在椽子下方，建造者会在椽子之间安装一块板材来处理交接关系（图4-26、图4-27）。这块板材还起到固定外饰面上边缘的作用。通风间层的空气出口位于交叠式立面的盖板和内板之间。

边缘　　外墙的外饰面层与屋顶下边缘需留有2~3cm的缝隙，以确保外墙通风间层的空气能够排出。

　　要实现山墙的出挑，出挑部分的椽子必须支撑在突出外墙的檩条上。这个角色通常由纵墙框架的顶梁承担。顶梁的截面尺寸应根据出挑的距离来确定，且最好用像梁一样的矩形（而不是方形）截面。

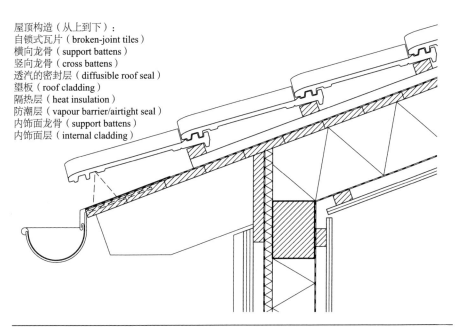

屋顶构造（从上到下）：
自锁式瓦片（broken-joint tiles）
横向龙骨（support battens）
竖向龙骨（cross battens）
透汽的密封层（diffusible roof seal）
望板（roof cladding）
隔热层（heat insulation）
防潮层（vapour barrier/airtight seal）
内饰面龙骨（support battens）
内饰面层（internal cladding）

图4-26　檐口大样图（屋顶出挑的情况）（横剖）

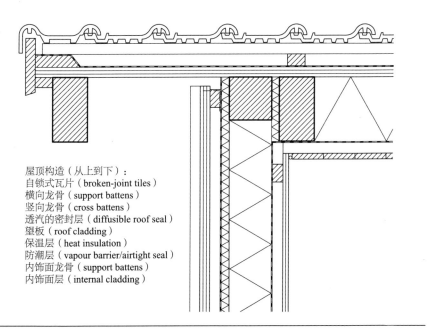

屋顶构造（从上到下）：
自锁式瓦片（broken-joint tiles）
横向龙骨（support battens）
竖向龙骨（cross battens）
透汽的密封层（diffusible roof seal）
望板（roof cladding）
保温层（heat insulation）
防潮层（vapour barrier/airtight seal）
内饰面龙骨（support battens）
内饰面层（internal cladding）

图4-27　檐口大样图（屋顶出挑的情况）（纵剖）

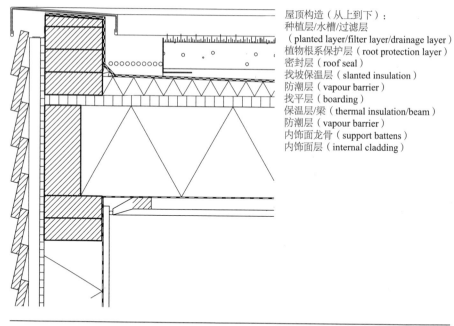

屋顶构造（从上到下）：
种植层/水槽/过滤层
（planted layer/filter layer/drainage layer）
植物根系保护层（root protection layer）
密封层（roof seal）
找坡保温层（slanted insulation）
防潮层（vapour barrier）
找平层（boarding）
保温层/梁（thermal insulation/beam）
防潮层（vapour barrier）
内饰面龙骨（support battens）
内饰面层（internal cladding）

图4-28　木框架体系中的平屋顶细部（肋梁楼板）

　　图4-27所示的屋面采用了特殊的瓦片构造，可以起到排水的作用，因此不需要额外设置排水沟。瓦片与封檐板一起围合并保护屋面层。封檐板需用螺钉固定在龙骨端头，起到保护饰面层上、下边缘的作用。

4.5.2　平屋顶

　　平屋顶是现代建筑的一个主要特征，它们通常被用于混凝土结构中，现在也被现代木结构建筑采用。

女儿墙　　　　在图4-28所示的细部图中，墙体的外饰面层延伸到屋顶的末端之上。像这样，外墙上部用来围合屋顶的部分就是女儿墙（在平屋顶中通常都要设置女儿墙）。女儿墙至少要凸出屋顶上表面10cm，以保护屋顶构件（相当于承担了封檐板的角色）。女儿墙上部需覆以向内倾斜的金属盖板（向内倾斜是为了排水），而外墙通风间层中的空气则由其与金属盖板之间的缝隙排出。

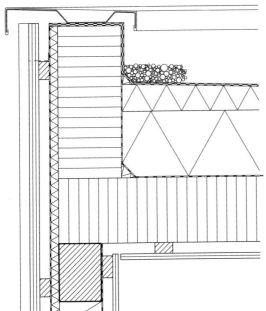

屋顶构造（从上到下）：

砾石层（gravel layer）
防潮层（roof seal）
找坡保温层（slanted insulation）
保温层（thermal insulation）
防潮层/密封层（vapour barrier）
边缘胶合构件（edge-glued element）
内饰面龙骨（support battens）
内饰面层（internal cladding）

图4-29 木框架体系中的平屋顶细部（边缘胶合楼板构件）

屋顶下方的顶棚，其构造和支座的做法与中间楼层相同（图 支座
4-20）。女儿墙其实就是两块叠在一起的厚木板，和中间楼层中墙体
框架的双底梁做法十分类似。

和外墙一样，保温材料被放置在支撑屋顶的肋梁之间。但是与外
墙不同的是，屋顶内部没有通风间层，因此位于保温层内侧的防潮层
作用非常关键。此外，屋面层之上还有一个倾斜的外保温层，可以弥
补内保温层可能存在的薄弱点，同时让屋面形成排水坡度。外保温层
最好采用颗粒状的材料填充。

平屋顶不像坡屋顶那样可提供额外的储物空间，但它的屋面可用
于种植。出于防火的考虑，必须设置一条至少50cm宽的碎石带将种植
区域与平屋顶边缘和木制部分隔开。

图4-28、图4-29所示的细部只是平屋顶结构和收边做法的其中两
种可能性。

此外，虽然大多数平屋顶不含通风间层，但其实平屋顶也可以像坡屋顶一样做出通风间层。

使用边缘胶合构件做的屋顶和顶棚（参见"4.4　楼板"）在结构和细部上都非常接近于钢筋混凝土的平屋顶。

在屋顶使用实心木构件[⊖]进行建造，有利于提高屋顶的保温性能和空间利用率。边缘胶合构件做的屋顶由木框架墙支撑。屋面找坡也是使用边缘胶合构件做成。

结构　　实心顶棚上可以做出带通风间层的平屋顶，其构造做法类似于钢筋混凝土平屋顶。在这个带通风间层的平屋顶中，防潮层被铺设在保温层之下、顶棚之上。墙体和屋顶的保温层不连通，中间隔着实心木构件。位于承重结构上方的外保温层可以防止热桥的形成。

⊖　中文语境中的"实木"构件，通常指由原木而不是胶合板、层压板等现代木材产品加工而来的木材，但本书中的"实心木构件"（Solid wood construction）应是相对于木框架墙这类由龙骨和空腔组成的构件而言的。——译者注

In conclusion

5 结语

在本书的最后，作者想再次强调木材作为建筑材料的特殊性。戈特弗里德·森佩尔（Gottfried Semper）在他的著作《风格》（*Style*）关于构造的章节中，称其为"所有框架建筑的起源"。

木结构建筑需要根据构造逻辑和清晰易懂的法则进行各种构件的装配建造。与诸如砌体结构这样浑然一体的结构类别不同，木结构中的荷载的传递可被清晰地识别。

了解木结构建筑体系也为了解其他建筑体系打下了基础。钢结构体系和木结构体系的相似性非常显而易见；金属和玻璃幕墙系统沿用了木结构建筑中立面的构造方式；即使是混凝土，作为一种浇筑的材料，也借鉴了木结构建筑的基本原理——由柱、主梁和次梁组成承重系统。如果将钢筋的加固作用类比于木肋梁，钢混楼板也可以认为和木肋梁楼板具有一定的同构性。

许多建筑课程都是从木结构开始的，因为它有助于我们理解基本的建筑原理，这个充满多样性的独特领域值得持续地探索。

附录 标准

关于木结构的通用标准

标准编号	主要内容
DIN EN 338	木结构 - 强度等级
DIN EN 384	结构木材力学性能特征值的评级
DIN EN 1995	木结构设计
DIN V ENV 1995-1 Eurocode 5	木结构设计；章节 1-1：建筑设计的通用规则
AS 1684.1-3 1999	居住建筑 - 框架体系 - 设计准则
AS 1720.1 1997	木结构 - 设计方法

作为建筑材料的木材

标准编号	主要内容
DIN EN 338	承重木材 - 强度等级
DIN EN 384	承重木材 - 特征强度，刚度，堆积密度（bulk density）的定义
DIN EN 1912	承重木材 - 强度等级 - 视觉分类等级以及木材类型

木材保护

标准编号	主要内容
DIN EN 335	木材及其衍生材料的耐久性；生物侵害的等级界定
DIN EN 350	木材产品和木基产品的耐久性
DIN EN 351	木材产品和木基产品的耐久性——经过防腐处理的实心木材

防水

标准编号	主要内容
DIN 18521	上人屋面和不上人屋面防水措施
DIN 18533	与土壤接触的构件的防水措施
DIN 18534	防水措施的室内应用

和木结构相关的美国标准

统一建筑规范（Uniform building code, UBC）
统一建筑规范 - 第五卷 - 第 25 章 "木"（UBC V, Chapter 25 Wood）
统一建筑规范手册 - 第五卷 - 第 25 章 "木" - 解释说明 （Handbook to the Uniform Building Code Part V Chapter 25 Wood- An illustrative commentary）
木 - 框架体系房屋的建造，美国农业部林业局 （Wood – Frame House Construction, United States Department of Agriculture, Forest Service）
木材手册，美国农业部林业局 （Wood Handbook, United States Department of Agriculture, Forest Service）

图片来源

图片编号或页码	版权所属
第 5 页	Johann Weber
第 21 页	Ludwig Steiger
图 3-6	Ludwig Steiger
图 3-14	Jörg Weber
图 3-22~ 图 3-29	Jörg Rehm
图 4-8	Anja Riedl
图 4-10	Anja Riedi/Jörg Rehm
图 4-18	Ludwig Steiger/ Jörg Weber
第 66 页	Ludwig Steiger
第 85 页	Architekturbüro Fischer + Steiger
绘制	Florian Müller/Jörg Rehm

作者简介

路德维希·施泰格（Ludwig Steiger）：工学学位（diploma）[⊖]，建筑师，慕尼黑工业大学建筑和室内设计专业讲师，慕尼黑 Fischer + Steiger 建筑设计事务所合伙人。

约格·雷姆（Jörg Rehm）：慕尼黑工业大学工学博士，负责"3.2.6 实心板体系"一节。

⊖ "diploma" 是德国的一种特殊学制，无法与中国的学士学位或者硕士学位对应。——译者注

参考文献

[1] American Institute of Timber Construction (AITC): *Timber Construction Manual*, John Wiley & Sons, Hoboken/NJ 2012.

[2] Werner Blaser: *Holz-Haus. Maisons de bois. Wood Houses*, Wepf, Basel 1980.

[3] Francis D. K. Ching: *Building Construction Illustrated*, 5th edition, John Wiley & Sons, Hoboken/NJ 2014.

[4] Andrea Deplazes (ed.): *Constructing Architecture*, Birkhäuser, Basel 2013.

[5] Keith F. Faherty, Thomas G. Williamson: *Wood Engineering and Construction Handbook*, McGraw-Hill Professional, New York 1998.

[6] Manfred Hegger, Volker Auch-Schwelk, Matthias Fuchs, Thorsten Rosenkranz: *Construction Materials Manual*, Birkhäuser, Basel 2006.

[7] Thomas Herzog, Michael Volz, Julius Natterer, Wolfgang Winter, Roland Schweizer: *Timber Construction Manual*, Birkhäuser, Basel 2003.

[8] Theodor Hugues, Ludwig Steiger, Johann Weber: *Timber Construction*, Birkhäuser, Basel 2004.

[9] Wolfgang Ruske: *Timber Construction for Trade, Industry, Administration*, Birkhäuser, Basel 2004.

[10] William P. Spence: *Residential Framing*, Sterling Publishing Co., New York 1993.

[11] Anton Steurer: *Developments in Timber Engineering*, Birkhäuser, Basel 2006.